【寫好企劃案・鹹魚大翻身】

怎樣寫好企劃案

How To Write
A Good Business Plan

郭泰

著

推・薦・序

企劃思考

詹宏志

一、企劃人　　一群在不同組織擔任企劃工作的人聚在一起，常常發現他們彼此所稱的「企劃」指的是很不相同的內容，也發現他們的工作職位（或職稱）非常不一樣。也許他們會因此興起一個疑問：到底「企劃人」是什麼？如果我們要對企劃做一點「形上思考」，排除不同名稱、不同職級、不同工作內容，試圖找到一個共通的性質，我會想把企劃人解釋為「對資源與任務做辯證曲思的行動組織者」。

二、辯證曲思者　　為什麼企劃人對資源與任務之間進行

「曲行式」的辯證思考的人？企劃人幾乎都面對一個任務（一種具體的或長或短或多元的目標），也都面臨一種「資源處境」，他的工作就是從「資源處境」（通常是匱乏的）找到達成任務的途徑。可是，如果資源到任務的某一條路徑是明顯存在的，所謂「企劃」不過是「線型規劃」求最適解的過程；事實上，許多企劃工作的資源與任務根本無解，或者，資源與任務本身都不是那麼明確可以理解。企劃人在工作時，常常從資源想到任務，再回頭重新解釋資源，再向前改寫任務，在此一來回返復的過程中實踐成果——也就是說，企劃和線型規劃最大的不同是「題目和條件都可以修改」。這樣的思考，恰恰和直線相反，所以我稱它是「曲行的」（Recursive）；又因為下一個思考發展一方面反對前者，一方面也吸納前者，所以是「辯證的」（Dialectical）。

三、花與果實　讓我舉個例子來看企劃思考的辯證性格。假如我是一位出版社的企劃人，我們覺得出版一種《台灣社會白皮書》是有意義的，這樣的工作大致可以用五百萬的預算來完成；另一方面，我們的資源環境是「這樣一本書的行情定價不超過二百五十元，預期的讀者數量不超過五千人」。從線型規劃的觀點，這是無解的題目；但在企劃人眼

中，我們要用新的題目來「否定」這個題目並「包含」這個
題目。我們就發現解決途徑可能包括：

- 如何使這五千名讀者願意以二千五百元的價格（行情
  十倍）接受這本書。
- 如何找到五百萬捐款，以進行這項工作，使出版工作
  預算降到零。
- 如何找到一群志同道合的社會學者，他們願意義務奉
  獻心力，「無價」完成這本書，使工作預算降到五十
  萬。
- 把計劃擴大成書五種、電視五集，加上錄影帶等等，
  總預算增加到七百萬，但市場也擴大到足以支撐。

就像花是花苞的否定形式、果實是花的否定形式，但後
者到前者是一個連續不可分的過程；這種後一問題對前者的
否定並持續，就是辯證的簡義。而我們的思考來回奔馳在資
源與任務之間，所以它是反覆曲行的。

四、水平性格 因為企劃思考有這種「非直線」的特
性，它對發散性思考（或俗稱的創意思考）就不得不有某種依
賴。它仰賴各種無標準答案的、跨範疇的、非習慣的思考能

力，這是談企劃力、企劃案的書都強調創造性思考的緣故。

五、行動檢核　　企劃人不只是思考者，他是為行動而思考的人，檢核企劃思考的不二法門，仍是從「行動結果」而來的。企劃思考關心的，終極而言不是問題的本質，而是逼近問題的方法（Approaches）。企劃思考的這個特色，使它和創意有別；它的前半部是創造性思考，後半部卻是歸納行動的步驟。它要從「修改後的」資源與任務出發，提出一個線型的工作計畫來，它的工作才算真正完成。

六、企劃人的條件　　因為企劃人不是思考問題本質的人，而是使問題發生結果之人，他常常得利用到流轉在社會中的各種動能。因此，好的企劃人常常是懂得社會的人，他是一個社會資源的動員者、社會情緒的回應者、社會對話的設計者。不只是這樣，他能夠樂觀地去尋找線型規劃以外的答案，當然是假設了社會現象本身有著一種「合目的性」，而且相信「理性力量」能夠到達、能夠掌握。沒有這樣的信仰，不可能成為企劃人。

七、現在該做什麼　　企劃人被理解、被重視的時間還不多，有關企劃人是什麼、他的工作和道德該怎樣，討論得也不多。現階段，我們從實踐中尋找企劃人的 Identity（本

質）、尋找他們的規範和典型、整理他們的技術和經驗，可能都是有意義的事。在這樣的歷史進程中，郭泰的《寫好企劃案・鹹魚大翻身》系列做為一個沈默、踏實、基礎的準備工作，就顯得加倍清晰。

推薦者簡介

詹宏志，台灣南投人，台灣大學經濟系畢業，曾任工商時報副刊組主任、中國時報藝文組主任、時報周刊總編輯、遠流出版公司總經理、商業周刊發行人、台灣波麗佳音唱片公司總經理、城邦文化董事長等職。著有《趨勢索隱》《創意人》《城市人》《E世代：數位世界的九十九則觀察》等書。現任 PChome Online 網路家庭國際資訊公司董事長。

總‧序
寫好企劃案‧鹹魚大翻身

　　怎樣寫企劃案與怎樣寫好企劃案是年輕人進入職場立刻就要面對的兩大難題，問題是台灣的學校教育，從小學到大學，甚至研究所，從沒教過「企劃」這門課程。唯一與企劃沾上一點邊的，就是大學企管系的「行銷學」與企管研究所的「策略規劃」課程。然而，由於行銷學的侷限性（談的僅僅是行銷的四個 P）與策略規劃的理論性（偏向理論缺乏實用性），因而即使是 MBA 的高材生，假如沒經過三五年的磨練，要寫好一個企劃案，還是非常吃力。

　　由於企劃案的好壞，往往決定企業某一階段的成敗，因此年輕人大學畢業進入職場工作，立刻就要面臨撰寫企劃案的考驗。糟糕的是，不但學校裏沒有教怎樣寫企劃案（學校

填鴨式的教育，反而扼殺了撰寫企劃案的能力），就是社會上也缺乏一本能正確告訴我們怎樣寫企劃案、怎樣寫好企劃案的書籍；再加上社會上的企劃高手把如何撰寫企劃案視若秘笈，不願輕易傳授，因此一般人在撰寫企劃案時，只好如瞎子摸象，盲目中探索，到底寫得對不對，寫得好不好，就只有天曉得了。

《寫好企劃案·鹹魚大翻身》系列的兩本書，正是針對上述難題而撰寫的。

第一本是《怎樣寫好企劃案》此書針對企劃新手，內容包括：

一、企劃的定義與要素。

二、撰寫企劃案的八個簡單步驟。

三、十四個好用的企劃案格式。

四、激發創意的二十個方法。

上述四個章節提供了一個企劃新手最需要的一些東西，包括：企劃案的定義，撰寫企劃案時最需要的步驟與格式等等，其中還包括了激發創意的一些方法。

第二本《怎樣成為企劃高手》此書針對企劃老手，內容包括：

一、企劃高手的五個腦袋。

二、企劃高手醞釀好點子的十項生活特色。

三、企劃高手預測未來的七個方法。

四、企劃高手撰寫的十個企劃案實例，可供企劃新手與老手在撰寫企劃案時拿來模擬與參考。

上述四個章節提供了一個企劃高手最需要的一些東西，包括：與常人不一樣的腦袋，與常人不一樣的生活方式，並且具備了一些預測未來的能力。

本書之完成，要特別感謝三個人：

第一是周浩正兄，他是我最敬佩的企劃編輯人，他提供了膾炙人口的《智慧銀行企劃案》與《某少年雜誌創刊企劃案》。

第二是詹宏志兄的序文，他是台灣公認頂尖的企劃高手，此序讀來亦擲地有聲、振聾發瞶。

第三是老同學陳家和兄，他是同學中表現最出色的廣告人，他以幾十年廣告經歷慨然提供的《新產品開發企劃案格式》與《德恩耐行銷與廣告企劃案》使本書增色許多。

三位友人的高情隆誼，當永記心頭。

2018 年 6 月 1 日　郭泰

關於企劃的雙邊對談

向「企劃學」邁出的一小步

趙政岷（時報文化出版董事長）VS.郭泰（作者）

趙政岷：「企劃」這個名詞出現在台灣的時間不算長，不過被人引用的時機愈來愈多。我們知道一開始的時候，也是只有「經濟學」，而沒有「管理學」，後來在各種理論出現之後，「管理學」才從經濟學中獨立出來。我很好奇的是，「企劃」有沒有可能產生和管理一樣的效應，到最後成為一門獨立的「企劃學」呢？

郭泰：這個問題很有趣，其實也是我多年來一直想請教別人的。根據我的研究，「企劃」這個詞最早是 1965 年從日本傳來的，開始受到社會的重視，大概是這二十幾年的事。

在大學裡最早和企劃相關的課程，是管理學中「行銷企劃」這一科，另外和企劃比較相近的，則是企研所裡「策略規劃」這項課程。所以可以看得出來，企劃原本只是附著在行銷之下，在公司裡也僅止於寫寫所謂「行銷企劃案」而已。

不過，近幾年情況似乎有了些變化，企劃愈來愈受重視，而且應用領域愈來愈寬廣，甚至回過頭來反而涵蓋了管理。當然，要成為一門獨立的「企劃學」，是需要很完備的理論做基礎，所以還需要時間慢慢沉澱、累積。不過我想照這個情況發展下去，應該是很有可能的。

趙政岷：就如您說的，企劃的重要性和普遍性都愈來愈高，各行各業、大大小小的公司行號，幾乎都有「企劃」這個職稱。但是有趣的是，每個單位的企劃人，所做的事好像都不一樣。您是不是可以談一談，一個周全的企劃，到底應該包含哪些要素，或說如果要成為企劃高手，有哪些大方向可以努力？

郭泰：我在《怎樣寫好企劃案》這本書裡，曾經很大膽地從「策略規劃」的角度，替企劃下了一個定義：「企劃就是企業的策略規劃，為企業整體性與未來性的策略，它包括從構思、分析、歸納、判斷、一直到擬訂策略、方案實施，事後追蹤與評估過程。簡言之，它是企業完成其目標的一套程序。」但是我自己比較喜歡的，卻是另一個更寬廣的定

義：「為了解決某一個問題或達成某一個目標，構思出巧妙的創意，同時，此一創意必須是可行的。」

在這個定義裡面有三個重點：第一是「為了解決某一個問題或達成某一個目標」，這一句話顯示出了企劃的開闊性。解決問題的主體，不再侷限於企業這個狹隘的範圍內，可以是公司、是機構、是個人，甚至是國家，所以推論到最後，就是人人都需要企劃的能力。

第二個重點，是要能構思出巧妙的點子。解決問題沒有標準答案，愈是能打破舊習、推陳出新愈好。要想出好點子，要靠豐富的想像力，有時候年紀愈小，愈沒有經驗者，在這方面的表現反而比較好，不會被許多理論、規範、制度等給框死了。

趙政岷：就像現在 90 後所謂的「新人類」，腦子裡各種古靈精怪的想法都有，那些不按牌理出牌的點子，有時還真是讓舊人類望塵莫及。

郭泰：不過舊人類也有自己的優點，就是執行力強。這也就是第三個重點：想出來的點子，事後要證明是可行的。很多人誤以為創意就是企劃；或說一個絕佳的點子，一定能發展成絕佳的企劃，這都是錯誤的觀念。創意固然重要，但它只是企劃過程中的一部份，有時候靈光一現，一個巧妙的點子就在偶然間誕生了。然而「想法」到「執行」之間是有落差的，點子的能否實現，還需要很多主、客觀的條件配

合。比方說：人員的調度協調、資源的分配運用，甚至應用時機是否成熟等等，都是決定企劃成敗的因素。所以說評估企劃案的優劣與企劃能力的高低，是要從整體性著眼，只要以實踐成效做評估指標，就很清楚了。

趙政岷：照您的說法，企劃能力其實是一門跨學門、超時空的能力，可大可小，無所不包。

郭泰：沒錯，就像呂不韋遇見秦國公子異人之後的一切作為，就是一個了不起的企劃案，是一個目的在於「竊取一國」的超級大企劃案，呂不韋個人的企劃能力更是非常人所能及。

趙政岷：不過依照現今大學內各科系的分類法，這些應屬於整體性的能力，會被切割得支離破碎，無法聯貫起來。

郭泰：是啊！企劃能力的高低不但無法反應在學校的課業成績上，也無法用量化去評估。平常看起來調皮搗蛋、愛看雜書、積極參與社團活動的學生，企劃能力會比較強；往後在企業中容易出人頭地的，也常常是這批在校成績不見得很好的人。所以說，學校第一名常常不是社會的第一名。

趙政岷：不過您在《怎樣寫好企劃案》一書中，列舉了撰寫企劃案的八個步驟與激發創意的二十個方法，這些應該都是企劃能力吧！

郭泰：你說的沒錯，但那只是企劃人的一些基本功，要成為一名企劃高手，還必須具備一些其他條件。

趙政岷：我看您在《怎樣成為企劃高手》一書中，特別列舉了企劃高手必須具備的腦袋、生活特性以及預測未來的能力。我個人對「預測未來的能力」這個部分印象最深刻，我還沒見過有別的企劃書寫這一點，很特別。

郭泰：這也是我寫得最辛苦的一章，本來已經決定放棄不寫了，但是後來冷靜一想，全書可能最精采也是最有價值的，就是這個部分，所以我又開始大量蒐集資料、閱讀，構思很久才完成。短短一章，就花了我半年的時間。

趙政岷：辛苦是有代價的。在這個新舊世紀交替的時候，產生了很多所謂「世紀末的亂象」，不管是管理也好、行銷也好，過去建立的那一套經驗邏輯，似乎都被推翻了。甚至有人說，現在最好的管理方式就是「忘掉過去，一切重新開始」。在這種情況下，就更加顯現出「預測未來的能力」的重要性了。

郭泰：的確，能看得到未來的人，將會是最大的贏家。從約翰·奈思比、艾文·托佛勒所寫的未來學，都受到全世界各行各業重視、引發話題這一點就看得出來，大家對預知未來的需求有多麼迫切。

趙政岷：⋯⋯而且貧乏。以往所謂的「預言家」，好像都是一些巫師、命相師、占星家之流的人，靠的多半是「特異功能」，一般人也不知道該信不該信。現在只要能運用《怎樣成為企劃高手》裡面預測未來的七個方法，人人都能

試著去學習預測未來，真的是十分吸引人。

郭泰：過去企劃人的工作，往往流於參考舊檔案，整理資料，寫寫企劃案而已。就像「市場調查」為什麼一直遭人詬病，就是因為它調查出來的，都是今天以前的事實，無法顯現出明天以後的趨勢。而一個優秀的企劃高手，一定要具備未來感，才能發想出具前瞻性的企劃案。這是一項最重要又最難具備的能力，也是我會想提出來專章討論的原因。

趙政岷：讓我眼睛一亮，還有《怎樣成為企劃高手》中的十個企劃個案，我看其中有一半是您寫的，另一半是別人寫的。

郭泰：慚愧得很，我寫的那五個只是野人獻曝罷了，最值得參考與借鏡的三個企劃案，分別是周浩正寫的「智慧銀行企劃案」、陳家和寫的「德恩耐行銷與廣告企劃案」，以及郭兆賢寫的「房地產行銷與廣告企劃案」，這三個是我心目中的經典之作。

趙政岷：您太客氣了，我覺得「個人生涯規劃企劃案」就別具一格，發人深省。

郭泰：那只是我個人對生涯規劃的一段告白，或許對現代的年輕人有一點點啟示吧！

趙政岷：《寫好企劃案·鹹魚大翻身》系列，從《怎樣寫好企劃案》到《怎樣成為企劃高手》，有沒有計畫繼續寫第三本、第四本有關企劃的書。

　　郭泰：寫企劃方面的書，難度真的很高，第三本我想寫《點子就是金子》，但仍在構思之中。

　　趙政岷：太好了！不管是站在讀者或出版人的立場，我都很希望能借由您的力量，讓「企劃學」趨於完備。

　　郭泰：不敢當，我只不過是拋出了一塊小小的磚，希望能引出更多的玉，不管是企管界也好、廣告界也好，都能熱列參與，共同努力，靠大家的力量，使「企劃學」由零變成可能。

你是企劃新手時

一、基本認識

如果你是一位企劃新手，突然之間要求你去寫一個企劃案，一定手足無措，根本不知從何下手。這時我建議你先翻閱《怎樣寫好企劃案》第一章，先弄清楚什麼是企劃與企劃案。

❶ 企劃乃是有效地運用手中有限的資源，激發出創意，選定可行的方案，以達成某一目標或解決某一難題。原來企劃是用創意來達成目標或解決難題的好構想與好方法。

❷ 企劃案（或稱企劃書）乃是把企劃用文字（或文字加圖案）完整表達出來的東西。

二、模擬參考

對毫無經驗的新手來說，要思索出企劃案的格式或架構極為困難，這時候最需要一些可以模擬參考的格式。

❶ 《怎樣寫好企劃案》列舉的十四種企劃案格式，都是最為常見而且可以隨手拿來模擬參考的現成企劃案格式。

❷ 舉例來說，假設你想要寫一個行銷廣告企劃案，即可參考第三章〈格式二〉行銷企劃案與〈格式四〉廣告

企劃案；假設你想要寫一個員工教育訓練企劃案，即可參考第三章〈格式八〉員工訓練企劃案與〈格式九〉推銷員訓練企劃案；假設你想開一家網路商店，即可參考第三章〈格式一〉一般企劃案與〈格式七〉網路商店企劃案。

❸ 這種模擬參考的過程很像學寫毛筆字的臨帖，我們小時候學寫毛筆字，乃是把標準字帖置於旁，摹仿其筆畫而書寫，久而久之，就能寫出漂亮的毛筆字。依此原則，參考我所列舉的十四種格式，再加以融會貫通，我確信你一定能寫出盡善盡美的企劃案。

❹ 當然，你也可以憑這些現成的第三章的十四個格式為基礎，然後根據自己的實際需要增增減減，改良出一個最適合自己格式的企劃案。

三、撰寫企劃

選妥模擬參考的格式，就可以開始撰寫企劃案。

❶ 在撰寫企劃案的過程中，你心中必須牢記企劃案的要素，即 why、what、who、whom、when、where、how、how much、evaluation 等九個要素，其各別詳細內容請參考《怎樣寫好企劃案》第一章的〈定位二〉。

❷ 撰寫企劃案的第一個步驟是「界定問題」，請參看第二章。

❸ 撰寫企劃案的第二個步驟是「蒐集現成資料」，請參看第二章。

❹ 撰寫企劃案的第三個步驟是「市場調查」,請參看第二章。

❺ 撰寫企劃案的第四個步驟是「把資料整理成情報」,請參看第二章。

❻ 撰寫企劃案的第五個步驟是「產生創意」,請參看第二章與第四章激發創意的二十種方法。此步驟最重要,乃企劃案成敗關鍵所在。

❼ 撰寫企劃案的第六個步驟是「選擇可行的方案」,請參看第二章。

❽ 撰寫企劃案的第七個步驟是「寫成企劃案」,請參看第二章。

❾ 撰寫企劃案的第八個步驟是「實施與檢討」,請參看第二章。

❿ 至此,對新手而言,整個撰寫企劃案的過程就算大功告成。

想晉身企劃高手

一、激發創意

如果你是一位企劃老手,企劃案的格式與撰寫企劃案的步驟對你而言,早已駕輕就熟,這時你需要的不再是格

式與步驟，而是能夠打動潛在顧客的絕佳點子。這時，
《怎樣寫好企劃案》第四章激發創意的二十個方法對你
大有益處。

二、打動人心

倘若你覺得這二十個激發創意的妙方早已耳熟能
詳，我建議你好好去讀《怎樣成為企劃高手》第一章企
劃高手的五個腦袋，據我所知，很多打動人心的大賣點
都是從這五個腦袋想出來的。

三、生活特色

假如你是位資深企劃人，麻煩你核對一下，你有
《怎樣成為企劃高手》第二章所指的的十項生活特色
嗎？如果有的話，我恭喜你，如果沒有的話，我們彼此
共勉之。

四、預測未來

《怎樣成為企劃高手》第三章預測未來的七個方
法，這是許多企劃老手最需要卻又最缺乏的能力。一般
企劃書籍很少討論此重要議題，值得你好好精讀與吸
收。

向企劃案高手學習

　　個案部分共列舉了十個實例，其中五個由友人提供，五個由筆者撰寫，不論新手或高手在撰寫企劃案時均值得拿來模擬與參考。其中「智慧銀行企劃案」、「德恩耐行銷與廣告企劃案」、「房地產行銷與廣告企劃案」是經典之作。

目錄

| CH.1 |

企劃的定義與要素

| CH.2 |

撰寫企劃案的八個簡單步驟

| CH.3 |

十四個好用的企劃案格式

| CH.4 |

激發創意的二十個方法

1

企劃的定義
與要素

· 這是這是一個用企劃力決定勝負的時代，在學會
寫好企劃案之前，你一定要明瞭企劃的定義，企
劃案的九個要素以及企劃與計劃的差別。

● 定位一

企劃到底是什麼？

現代企業的功能（Business Functions），除人事、行銷、生產、財務、研究發展之外，「企劃力」已成為決定企業成敗的關鍵。

定義與要素

「企劃」一詞大約在 1965 年左右自日本引進，起初的二十年，並未受企業界重視。從 1985 年起，由於消費大眾的欲望愈來愈複雜化與多樣化，消費心理瞬息萬變，造成企業面臨前所未有的衝擊，不但同業間的競爭愈演愈烈，而且稍不留神，企業可能就遭淘汰了。客觀的條件逼得企業日益倚重企劃，甚至已普遍產生「沒有企劃，就沒有企業」的共識了。

企劃的定義

有人說，企劃就是為了實現某一目標或解決某一問題，

所產生的奇特想法或良好構想。而且，此一構想既可期待其成果，亦可付諸實施。

也有人說，企劃就是一齣有趣的戲劇。企劃人是編劇、導演，企劃案就是劇本。企劃人必須根據劇本，導演出一齣備受歡迎的戲劇。

更有人認為，企劃就是企業的策略規劃，企業針對某特定目的或整體性目標規劃出的策略，它包括從構思、分析、歸納、判斷，一直到擬定策略、方案實施、事後追蹤與評估過程。簡言之，它是企業完成目標的一套程序。

根據維基百科的解釋，企劃又稱策劃，是一個由個人、多人、組織團體、甚至是企業為了完成某個策略性目標而必經的首要程序；包括從構思目標、分析現況、歸納方向、判斷可行性，一直到擬訂策略、實施方案、追蹤成效與評估成果的過程。

上述四種說法都言之成理，其實一言以蔽之，有效地運用手中有限的資源，激發出創意，選定可行的方案，達成某一目標或解決某一難題，那就是企劃了。

企劃的要素

人類構思的過程大概是這樣的：運用各種不同的思考方法產生構想，好的構想就成為創意，而有目標的、可能實現的創意（或是用創意來做工），就變成企劃了。

由此可知，企劃有別於構想與創意，它應包括下列三個要素：

（一）**必須有嶄新的創意**：企劃的內容必須新穎、奇特，令人拍案叫絕，使人產生新鮮、有趣的感覺。

（二）**必須是有方向的創意**：再好的創意，若缺乏一定的方向，勢必與目標脫節，就不能成為企劃了。

（三）**必須有實現的可能**：在現有人力、財力、物力、時間的限制之下，有實現的可能，才是企劃。否則再好的創意均屬空談。

▌企劃與計畫

企劃與計畫被人混為一談，其實兩者差異很大，企劃近似英文 strategy 加 plan，而計畫則是英文的 plan。有關企劃與計畫的不同，請參看表一。

舉一個實例來說，同樣是出版社的編輯，假如他做下列的工作：出書的方向、選書、開發作家群、決定版本開數、封面的設計、書籍的訂價等，那是「企劃」。假如他做下列的工作：下標題、校對與印刷廠聯繫等，那是「計畫」。

一個「企劃編輯」必須掌握原則，決定出版什麼書（原

則與方向）。在出書的方向確定之後，至於每本書要怎麼完成（程序與細節），就交給「計畫編輯」（亦即執行編輯）處理了。

我們用美國領導理論大師華倫‧班尼斯（Warren Bennis）的名句 do right things（做對的事情）與 do things right（把事情做對）來區別企劃與計畫。企劃是領導者（Leader），必須掌握企業的原則與方向，以開創的性格帶領部屬去做對的事情；計畫是管理者（Manager），必須根據領導者指定的方向，以保守謹慎的態度，處理好每一個程序與細節，最終把領導交辦的事情做對、做好。由此可知，企劃與計畫有很大的不同。

表一｜企劃與計畫之差異表

企劃	計畫
必須有創意	不需創意
無中生有，天馬行空	範圍一定，按部就班
掌握原則與方向	處理程序與細節
what to do（做些什麼）	how to do（怎麼去做）
活的，變化多端	死的，一成不變
開創性	保守性
挑戰性大	挑戰性小
需長期專業訓練	僅需短期訓練

● 定位二

企劃案與企劃部

▊ 企劃案的要素

　　把企劃用文字（或文字加圖案）完整地表達出來，就成為企劃案（或稱企劃書）了。企劃案包括 6W2H1E 等九個要素，6W 是 why、what、who、whom、when、where，2H 是 how、how much，E 是 evaluation，茲說明如下：

→1. **why**：企劃案的緣起與動機。

→2. **what**：企劃案的內容與目標。

→3. **who**：參與此企劃案的人。

→4. **whom**：此企劃案訴求的對象。

→5. **when**：此企劃案進行的時間與過程安排。

→6. **where**：此企劃案進行時有關之地點。

→7. **how**：如何順利完成此企劃案。

→8. **how much**：完成此企劃案所需之經費。

→9. **evaluation**：企劃案施結束後之效益評估。

▌企劃案的種類

從企劃的定義可知，企劃案包羅萬象，大到國家大事（譬如國家經濟發展企劃案），小到個人生涯（譬如個人生涯規劃企劃案），都是其範疇，因此種類繁多，不勝枚舉。然而單就企業的觀點而言，最常見的企劃案，大約是下列十四種：

→1. 一般企劃案

→2. 行銷企劃案

→3. 新產品開發企劃案

→4. 廣告企劃案

→5. 零售店廣告企劃案

→6. 銷售促進企劃案

→7. 網路商店企劃案

→8. 員工訓練企劃案

→9. 推銷員訓練企劃案

→10. 公共關係企劃案

→11. 年度經營企劃案

→12. 企業長期經營策略企劃案

　　→13. 房地產投資可行性企劃案

　　→14. 社團活動企劃案

　　許多人誤解企劃案就是指行銷企劃案或廣告企劃案而言，從上面的說明可知，企劃案包含的範圍甚廣，行銷與廣告企劃案只不過是其中的兩種罷了。

　　上述常見的十四種企劃案的格式，在第三章中有詳細的說明。

▌企劃部門的職掌

　　近年來，國人企業紛紛成立企劃部門。有些企業的企劃部權責很大，等於是經營者的最高智囊團，有些企業的企劃部權責很小，只負責廣告業務，甚至只做一些資料統計與剪貼的工作。

　　企劃部門是企業的最高智囊單位，它最主要的工作，應該是協調各部門，建立共識，擬定各種不同的企劃案，發揮企業整體作戰力，以達成各階段的目標。

　　一般而言，企劃部門的職掌可區分為企業策略規劃與一般性企劃兩大預：

（一）**企業策略規劃**：這是屬於較長期的戰略性企劃工作，包括：企業長期經營策略企劃、企業重新定位企劃、投資可行性企劃、企業競爭態勢企劃、企業多角化經營企劃、企業形象的建立等等。

（二）**一般性企劃**：這是屬於較短期的戰術性企劃工作，包括：年度經營企劃、行銷企劃、新產品開發企劃、廣告企劃、員工訓練企劃、公共關係企劃、促銷活動企劃等等。

CHAPTER

2

撰寫企劃案的
八個簡單步驟

‧請按照本章闡述的八個步驟，一步一步來，撰寫
企劃案就變得容易多了。

● 步驟一

界定問題

　　撰寫企劃案的第一個步驟就是界定問題。先介紹一個狀況。

杜拉克問題法

　　世界頂尖的管理顧問彼得・杜拉克（Peter F. Drucker），在從事診斷顧問工作時，情形是這樣的：雙方坐定之後，雇主總會提出一大堆管理上的難題向杜拉克請教。杜拉克推開這些問題，然後反問客戶說：

　　「你目前最想做的一件事是什麼？」

　　「你為什麼要去做這件事？」

　　「你目前必須去做的一件事又是什麼？」

　　「你目前正在做什麼事呢？」

　　「你為什麼會去做這件事呢？」

　　杜拉克不替客戶「解決問題」，而是替客戶「界定問題」。他改變客戶所問的問題，提出一連串的問題反問客

戶，目的在幫助客戶認清問題，找出問題，然而讓客戶自己動手解決那個最需處理的問題。客戶常花時間去處理自己想做、愛做的事情，卻忽略了最急迫、最必須去處理的重要問題。

通常，客戶愉快地離開杜拉克的辦公室時，都會說：「這些我都知道，為什麼我沒去做呢？」

而杜拉克則說：「如果客戶離開我的辦公室時，他覺得學到了許多新東西，那麼，要不是我的效率太差，就是他是個笨蛋。」

杜拉克的診斷過程給我們重大的啟示：我們往往為了追求結果，導致沒用心花時間去界定問題。我們經常草率提出問題，卻花數月、甚至數年去解決這個不重要的問題。其實我們只要界定問題，把問題簡單化、明確化、重要化（即判斷出問題的重要性），那麼問題就解決了一半。

▎界定問題的四個方法

方法一：專注於重要的問題

如果你認為每一件事都很重要，結果會變成沒有一件事是重要的。就像我們想同時完成多個目標，結果往往一個目

標也達不成。

　　有一位老師為了具體證明選定一個目標的重要，叫一名學生上台，雙手各拿一支粉筆，命他同時在黑板上，右手畫方，左手畫圓，結果學生畫得一團糟。

　　追逐兩兔，不如追一兔。一個人同時有兩個目標的話，到頭來一事無成，世界上成功的人物，都是針對一個目標咬住不放的人。他們一輩子只專心做一件事，豈有不成之理？

　　假如我們不能專注於最值得解決的重要問題，我們很可能解決了一個不重要或是錯誤的問題。這樣一來，非但重要的問題沒解決，反而因為處理錯誤的問題而製造出新的難題。

　　專注於重要問題，就好比射擊時要瞄準槍的準星一樣，失之毫釐，差之千里，一定得慎重其事。

方法二：細分問題

　　軍人設法把敵軍切割成若干小部分，然後集中兵力予以各個擊破，以贏得戰爭；編輯知道把一本書細分章與節，並在節中加入許多小標題，以使讀者便於理解。

　　實驗主義大師杜威（John Dewey）說：「將問題明確地指出，就等於解決了問題的一半。」那麼，要把問題明確化，就得縮小問題的範圍；而縮小問題最好的方法，就是細分問題了。

任何東西都可細分，以電話為例，可細分為：電話的顏色、形狀、構造、功能、材料等等。

任何問題亦可細分，以「如何防止小偷？」為例，可細分為：社區的警衛、門鎖、警鈴、守望相助、機動警網巡邏等等。

發明家凱特琳（Charles F. Kettering）曾說：「研究就是要把問題細分化，因而可能發現其中很多已知的，再去專心解決那些未知的。」這一段話對細分問題的重要性，做了最好的說明。

方法三：改變原來的問題

先說一則實例。

有一部載滿水果的手推車停在樓梯口，某甲要把水果抬上樓梯，由於一個人的力氣不足，想找一個人來幫忙，湊巧某乙路過，某甲上前請某乙幫忙。

某乙問某甲：「你有什麼困難呢？」

某甲問道：「我想把一車的水果弄上樓梯，一個人抬不動，所以想請你幫忙。」

某乙指著不遠處的電梯說：「你為什麼不用旁邊的電梯把水果搬上樓呢？」

某甲聽了，不禁啞然失笑。他並非笨蛋，竟然沒想到附近有電梯可利用。他被「如何把水果弄上樓梯」的問題框死

了，如今某乙把他的問題改變為「如何把水果搬到樓上」之後，問題就迎刃而解了。

改變問題會使問題更明確、更清楚。名經濟學家傅利曼（Milton Friedman）碰見別人問他問題時，總喜歡改一下別人的問題，經他改變問題後，答案自動就浮現了。原來，傅利曼用「改變問題」來回答問題。

方法四：運用「為什麼」的技巧

被稱為台灣「經營之神」的企業家王永慶「追根究柢」的經營理念，就是用一連串的「為什麼」來追問部屬，一直問到水落石出，清清楚楚，才肯罷休。「為什麼」將使問題簡單化、明確化、重要化。

舉個實例來說明。

假定某人想要更有錢，於是產生「我要如何才能更有錢？」的問題。

先用第一個「為什麼」追問。為什麼你想更有錢？假定那人答道：「我為了積蓄更多的錢，以便能提早退休。」原來他想要更有錢，是為了能提早退休。於是，「我要如何才能有錢？」變成「我要如何才能提早退休？」

再用第二個「為什麼」追問。為什麼你想要提早退休？假定他答道：「我提早退休後，才能到各地旅行。因為環遊世界是我一生的願望。」原來他提早退休，是為了環遊世

界。於是,「試如何才能提早退休?」變成「我要如何才能環遊世界?」

透過「為什麼」的追問後得知,「想更有錢」與「提早退休」均非正確的問題,「環遊世界」才是明確、簡單、重要的問題。

在界定問題後,立刻就有解決之道:建議他加入外交工作,或是轉入旅遊業。

如果我們一直停留在模糊的問題——「我要如何才能更有錢」,可能一輩子解決不了問題,因為「發財」比「轉業」要困難多了。

▌先界定,再解決

愛因斯坦說:「精確地陳述問題遠比解決問題重要得多。」從上面的實例分析,即可深刻體會出這句話的意義了。

拳王阿里曾經表示,他致勝的祕訣就是,在奮力一擊之前,先以輕擊來試探對手的抵抗力。換言之,阿里在解決問題(奮力一擊)之前,先界定問題(以輕擊試探)。

好的開始是成功的一半,當你在擬訂一個企劃案時,不

論是要解決某一問題，或要達成某一目標，只要把問題（或目標）界定得簡單、明確而又重要，事實上你已經成功一半了。

● 步驟二

蒐集現成資料

　　撰寫企劃案的第二個步驟就是蒐集資料。

　　資料依據來源，可區分為現成資料與市場調查資料兩大類。

　　現成資料的獲得，都來自現成的書籍、網站與報章雜誌、現成的企業內部資料、政府出版的普查與統計資料、現成的登記資料、現成的調查報告等五種。由於這些資料都是間接獲得，所以稱之為第二手資料，或是次級資料（Secondary Data）。

　　市場調查資料的獲得，都來自向消費者、經銷商、競爭同業、原料供應廠商調查得來。由於這些資料都是直接調查獲得，所以稱之為第一手資料，或是初級資料（Primary Data）。

　　現成資料與市場調查資料的不同，就在取得的方式不同而已，前者現成取得（或購買），後者實地調查。本節討論蒐集現成資料，至於市場調查資料，將在下一節中詳細討論。

█ 五種資料來源

　　蒐集現成資料，是一種既迅速又經濟的方法，不過必須熟悉各種資料的來源，才不會曠日廢時，徒勞無功。下面介紹五種資料來源：

書籍、網路與報章雜誌

　　針對所要的主題，從書籍、網站、報紙、雜誌、商業刊物、專業性期刊中去蒐集。

　　有關書籍方面，除了到各大書局找外，可參閱哈佛企管顧問公司編印的《企業管理資料總錄》（是一本企業圖書目錄），亦可到國家圖書館或各大學圖書館、縣市圖書館查閱。

　　關於報紙方面，政治大學社會資料中心收藏有各大報的完整資料，各報依年按月裝訂，查閱上非常方便。至於期刊論文方面，可以參考國家圖書館編著較全面性的《期刊論文索引》，那會是一條省時可靠的線索。

現成的企業內部資料

　　企業的活動頻繁，所產生的資料散落在各部門，倘若善加整理，就會變成擬訂企劃案的寶貴參考資料。

（一）營業部門的客戶資料

客戶資料包括：客戶名稱、地址、訂貨日期、訂貨項目、訂貨數量、價格等，從上述客戶資料即可整理客戶別的營銷狀況、區域別的營銷狀況、產品別的營銷狀況，而這些資料在撰擬行銷企劃案、銷售促進企劃案、甚至新產品開發企劃案時，都是重要的參考情報。

（二）製造部門的生產資料

從企業的製造部門，可獲得作業流程、生產力、品管檢驗、機器設備使用率等資料，這些都是撰擬品質管制企劃案的重要參考資料。

（三）其他部門的資料

其他財務、人事、總務部門的資料（例如薪資資料、資產負債表、損益表、獲利率、人員流動率、客戶徵信狀況、設備折舊率），也都是撰寫企劃案的寶貴依據。

政府出版的普查與統計資料

政府每年所出版的普查與統計資料種類繁多，比較有參考價值者，計分下列八大類，五十四小項。

（一）綜合類

- 《工商企業經營概況調查年報》，經濟部統計處印行。
- 《社會指標統計》，行政院主計處印行。
- 《經濟統計年報》，經濟部統計處印行。
- 《農林漁牧業普查報告》，行政院主計處印行。
- 《工商及服務業普查報告》，行政院主計處印行。
- 《台灣地區攤販經營概況調查報告》，行政院主計處印行。
- 《國富統計報告》，行政院主計處印行。
- 《台灣廠商經營調查》，月刊，行政院經建會印行。
- 《糧食供應年報》，行政院農委會印行。

（二）人口類

- 《台灣地區人口統計》，年刊，內政部戶政司印行。
- 《人力資源統計年報》，行政院主計處印行。
- 《人力運用調查報告》，行政院主計處印行。
- 《戶口及住宅普查報告》，行政院主計處印行。
- 《事業人力僱用狀況調查報告》，行政院主計處印行。
- 《婦女婚育與就業調查報告》，行政院主計處印行。
- 《國內遷徙調查報告》，行政院主計處印行。

・《失業勞工需求調查報告》，行政院勞委會印行。

（三）國民所得類

・《國民所得統計年報》，行政院主計處印行。

・《家庭收支調查報告》，行政院主計處印行。

・《國民所得統計分析》，年刊，行政院經建會印行。

・《台北市家庭收支調查報告》，年刊，台北市政府主計處印行。

・《高雄市家庭收支調查報告》，年刊，高雄市政府主計處印行。

・《薪資與生產力統計年報》，行政院主計處印行。

（四）金融與物價類

・《財政統計月報》，財政部統計處印行。

・《財政統計年報》，財政部統計處印行。

・《賦稅統計年報》，財政部統計處印行。

・《台灣地區商品價格月報》，行政院主計處印行。

・《台灣地區物價統計月報》，行政院主計處印行。

（五）貿易類

・《進出口貿易統計月刊》，財政部統計處印行。

・《進出口貿易統計年刊》，財政部海關總稅務司署印行。

- 《近年來對外貿易發展概況》，年刊，經濟部國貿局
  印行。
- 《外銷訂單統計年刊》，經濟部統計處印行。

（六）製造類

- 《製造業經營實況調查報告》，經濟部統計處印行。
- 《製造業對外投資實況調查報告》，經濟部統計處印
  行。
- 《製造業國內投資實況調查報告》，經濟部統計處印
  行。
- 《製造業自動化及電子化調查報告》，經濟部統計處
  印行。
- 《工業生產統計年報》，經濟部統計處印行。

（七）交通類

- 《民眾使用網際網路狀況調查報告》，交通部印行。
- 《自用小客車使用狀況調查報告》，交通部印行。
- 《機車使用狀況調查報告》，交通部印行。
- 《計程車營運狀況調查報告》，交通部印行。
- 《遊覽車營運狀況調查報告》，交通部印行。
- 《汽車貨運調查報告》，交通部印行。
- 《主要國家交通統計比較》，交通部印行。

（八）預測與經濟預測

- 《民生重要物資供需數量預測》，年刊，經濟部統計處印行。
- 《全國總供需估測報告》，年刊，行政院主計處印行。
- 《台灣景氣對策信號》，月刊，行政院經建會印行。
- 《台灣景氣動向指標》，月刊，行政院經建會印行。
- 《國際經濟情勢週報》，行政院經建會印行。
- 《國際經濟情勢半年報》，行政院經建會印行。
- 《國際經濟情勢年報》，行政院經建會印行。
- 《台灣經濟情勢季報》，行政院經建會印行。
- 《台灣經濟情勢半年報》，行政院經建會印行。
- 《台灣經濟情勢年報》，行政院經建會印行。

　　上述五十四項資料，可向中國統計學社、三民書局等單位洽購。

登記資料

　　政府除了出版上述的普查與統計資料之外，還有若干登記資料頗具參考價值，例如：出生與死亡的登記、新公司的工商登記、監理所的汽機車登記、特種營業登記等等。

現成的調查報告

　　台灣若干財團法人（譬如：外貿協會與台北市進出口公會）與商業機構（譬如：哈佛企管公司、中華徵信所）經常舉辦各色各樣的市場調查，他們都有現成的調查報告，可向這些單位索取或洽購。

● 步驟三

市場調查

當所蒐集的現成資料不足，無法滿足需求時，就得依賴市場調查，以獲得所需之資料。這是撰寫企劃案的第三個步驟。

市場調查資料，顧名思義，就是直接向消費者、經銷商（包括批發商與零售店）、競爭同業、原料供應廠商等調查得來的資料。最常用的市場調查方法有兩種，一種是詢問法（Question），另一種是觀察法（Observation）。

詢問法

所謂詢問法，就是以發問的方式問受訪者問題而獲得資料的方法。通常都得先擬妥問卷後再進行訪問。

因徵詢方式的不同，詢問法又可區分為人員訪問法、電話訪問法以及信函訪問法三種：

人員訪問法

利用受過訓練的訪員，向抽樣的受訪者訪問，用面對一問一答方式獲得資料。

若干年前，聯廣公司曾在台灣進行口香糖、香皂、洗臉用清潔劑、洗髮粉、汽水、可樂、鮮乳、沙拉油、洗衣粉、電視機、電冰箱、洗衣機等產品各品牌消費狀態之調查，全島抽取二千個家庭為樣本，並委派數百名訪員逐一訪問。此種蒐集資料的方式，就是人員訪問法。

電話訪問法

先抽好樣本，並設計好訪問題目，再用電話訪問獲取資料。舉例來說，台灣每次的總統大選，各大電視與報紙媒體都會做藍綠候選人支持度與看好度的調查。他們按事先抽妥的樣本戶，逐一打電話問問題。此種蒐集資料的方式就是電話訪問法。

信函訪問法

擬妥問卷寄給樣本戶，請被訪者按題逐一回答後寄回。

哈佛企管公司曾經針對台大、政大、成大等十二所大學應屆畢業生（包括文、理、法、商、工、農學院的學生），發出二千六百份問卷，進行「大學應屆畢業生就業意願調查」。結果發現，大學應屆畢業生最響往的工作是「企

劃」。此種蒐集資料的方式就是信函訪問法。

上述的三種問法各有優缺點，茲列表二詳細說明。

表二｜三種訪問法的優缺點

	優點	缺點
人員訪問法	·見面三分情，被訪者較會合作。 ·可適當鼓勵被訪者回憶與發言。 ·若問題不清楚，可當面解釋清楚。 ·可問較深入的問題。	·單位成本較高。 ·若訪員主觀太強，容易造成偏差。 ·若被訪者不在，結果容易偏差。
電話訪問法	·蒐集資料速度最快。 ·單位成本較低。 ·只要問題簡要，受訪率高。	·限於電話普及之地區。 ·不易訪問比較深入的問題。 ·無法用眼睛查核對方的回答。
信函訪問法	·受訪者無壓迫感，可從容回答。 ·不必填姓名，易獲誠實回答。 ·不會遇到受訪者不在的情況。	·樣本名單取得不易。 ·回信時間無法控制。 ·回收率偏低至 10～20%之間，代表性不高。 ·回信者常是極端者，代表性多受質疑。

▌ 觀察法

所謂觀察法,就是用肉眼、儀器或兩者兼用,去查看事實並記錄下來,以獲得資料的方法。

政府為了統計台北地區主要道路的交通流量,經常雇用學生在路旁觀察與統計,那就是肉眼觀察法。另外,有人使用電視台節目觀察機,來獲取觀眾收看電視節目的詳細情形,那就是儀器觀察法了。

詢問法與觀察法各有優缺點,茲列表三詳細比較說明。

表三 | 詢問法、觀察法的優缺點

	優點	缺點
詢問法	・消費者的行為、態度、動機、意見均可獲知。 ・主動的訪問,蒐集資料迅速。 ・蒐集資料的成本較觀察法低廉。	・因為訪員與問卷的偏差而影響資料的正確性。 ・必須仰賴受訪者的充份合作,受制於人。
觀察法	・蒐集的資料比較正確。 ・不受訪員與問卷偏差的影響。	・無法用觀察得知消費者的態度、動機與意見。 ・被動的觀察,曠日廢時。 ・蒐集資料的成本高昂。

● 步驟四

把資料整理成情報

撰寫企劃案的第四個步驟就是把蒐集得來的資料整理成為情報。

資料未經整理之前，是死的，是不管用的。資料經過整理分析之後，就變成活的，成為撰寫企劃案時重要的參考依據。因此，我們必須把死資料整理分析為活情報。

第二次世界大戰爆發之前，英國出版了一本名叫《世界各國軍力比較》的書。書中詳細記載德軍的兵力配置與各師團的個人資料。當時的德國元首希特勒讀了這本書之後，大為震怒，以為是間諜搞的鬼，乃下令撤查。經過一番詳細深入的調查之後發現，那份寶貴的情報，並非有關人員洩密，而是有心人根據報紙、雜誌、廣播等公開資料，整理分析後的結果。從這件事，就可知道整理資料的重要。

那麼，資料要如何整理才能變成有用的情報呢？

▍整理現成資料

現成資料包括書籍與報章雜誌、現成的企業內部資料、政府出版的普查與統計資料、登記資料、現成的調查報告五大類（請參閱前節〈蒐集現成資料〉所述）。其中除了現成的調查報告大都已經把資料整理分析成情報之外，其餘四大類的資料都可運用分析與綜合的方法整理。

何謂分析與綜合呢？分析是「同中求異」，就是把別人看起來相同的事物說成不同或不相關；綜合是「異中求同」，就是把別人看起來不同的事物說成相同或相關。

筆者曾經運用「分析」與「綜合」的技巧，撰寫成一本暢銷書——《股市實戰 100 問》（遠流《實戰智慧叢書》247），如今把過程說明於下，以便讓讀者明瞭「分析」與「綜合」在整理現成資料的功用。

我在 1988 年冬季，決定撰寫一本有關「股票」的書之後，立刻著手蒐集資料。我在市面上買到二十本有關股票的書籍，其中有《股票操作學》（張齡松著）、《胡立陽股票投資 100 招》（胡立陽著）、《投入股市》（陳守煒著）三本書長據當時金石堂暢銷售排行榜。

張齡松與胡立陽都是股市名人，他們所寫的書能夠暢銷，自有其道理在，而陳守煒並非股市名人，為什麼他的書也能暢銷呢？

　　經過詳細的比較分析後，我發現《投入股市》一書與其他同類十九本書之間最大的不同就是「簡明易懂」（其他股票書較艱澀難懂）。換言之，經過「同中求異」的分析之後，我獲得一項寶貴的情報——縱使你不是股市名人，只要把書寫得簡明易懂，還是有可能成為暢銷書。

　　接下來，我根據深入股市觀察與實際操作買賣的經驗，找出一般小額投資人常犯的錯誤與不明瞭之處，列舉了一百個疑難問題。

　　再來就是分章節、定架構，這是撰寫過程中最困難的部份。我運用「異中求同」的綜合技巧，假想自己是個股市生手，依照基本認識、學看盤、讀證券版、辦手續、基本分析、技術分析、價量關係、操作方法、疑難解答等程序，擬定芝麻開門、進場看盤、閱讀指南、辦理手續、基本分析、技術分析、價量研究、贏家策略、疑難雜症等九大章。

　　接著，我再把一百個疑難問題融入九大章之中，至此章節與架構部分順利完成。接下來，我又根據這一百個問題寫出《股市實戰 100 問》一書。

　　以上是整理現成資料的實例解說。

▌整理市場調查資料

由於訪員的疏失,市場調查所回收的閱卷中,很可能有錯誤(前後矛盾或不全),因此在整理分析之前,必須先審核(Editing)以剔除問卷中的錯誤資料。接著,再進行劃記(Coding)工作,然後列表(Tabulation)進行分析。

在電腦尚未普及之前,整理市場調查的資料都由人工處理,曠日廢時;如今電腦非常發達,市場調查的資料全交電腦去處理,既方便又迅速。不論是普通的列表分析,或是較複雜的交叉列表分析,電腦都能夠在很短的時間內達成任務。

若干年前中華民國養雞協會為了瞭解台灣肉雞與雞蛋的消費狀況,乃撰擬問卷,運用人員訪問法,全島抽取二千個樣本戶,進行家庭訪問調查。市場調查的資料經過電腦整理分析之後,肉雞與雞蛋分別得到下列的結論:

(一)肉雞

→1. 肉雞消費普及率為 72.5%。

・以年齡區分,四十至五十歲中年人普及率最高,達 77.2%。

・以所得區分,每月三萬至五萬中高所得普及率最高,達 84.6%。

- 以地區分，東部地區普及率最高，達 87.4％；北部次之，達 78.6％。

- 以職業區分，高級主管普及率最高，達 79.5％；中級主管次之，達 75.8％。

- 以教育程序區分，高中程度以上普及率最高，達 75％以上。

→2. 肉雞購買地點，以傳統菜市場為主，達 68.6％。

→3. 對肉雞顏色的偏好，以白色最高，達 37.5％。

→4. 對肉雞處理之偏好，整隻雞殺好佔 26.8％，雞殺好後分割佔 25.3％，活雞現殺佔 16.4％。

→5. 肉雞的購買頻率，大約每星期購買一次。

→6. 對於肉雞專用品種知識，只有 24.4％的人知道。

（二）雞蛋

→1. 雞蛋消費普及率高達 91.2％。

- 以年齡區分，以二十一至四十歲青壯年普及率最高，達 92％，年齡因素變異不大。

- 以所得區分，每月三萬至五萬中高所得普及率最高，達 100％。

- 以地區區分，東部與北部地區普及率最高，分別達 95％與 94.6％。

- 以職業區分，高級主管普及率最高，達 94.9％。

・以教育程度區分,大學以上普及率最高,達 95.6%。

→2. 對雞蛋外殼的偏好,以白殼蛋最高,佔 77.78%。

→3. 台灣人每人每天吃不到一個雞蛋。

→4. 每人吃雞蛋的時間以早餐居多,佔 46.4%。

→5. 對雞蛋烹飪的偏好,以煎蛋為主,佔 61%;水煮蛋
　　12.9%,滷蛋 11.1%。

→6. 知道雞蛋的蛋黃含膽固醇者,達 45.4%。

　　上述各六點的結論,就是經由電腦整理分析後,所獲得
的寶貴情報。

● 步驟五

產生創意

撰寫企劃案的第五個步驟就是產生創意。創意就是點子，創意是企劃必備的要素，任何企劃案若無創意，那就不是企劃案，而是計畫案了。

創意人六項特質

一般人總認為創意是天生的，其實不然，它是後天可培養的。

根據美國一項研究顯示，創意人具備下列六項的特質：

（一）智商方面：創意不需要特別高的智商，只要達到 130 就行了。一個人智商超過 130 之後，創意就無多大差別了。

（二）教育方面：強調邏輯的現代教育似乎抹殺了學生的創意，所以教育無益於創意。研究顯示，兒童的創造力在

五至七歲時下降39%；到四十歲，創造力只有五歲時的2%。許多創意人都是半途輟學。

（三）專業技能方面：創意或許有靈感這回事，可是若沒經過長期的努力，靈感不會突然間蹦出來。幾乎每一位有成就的創意人，都在他那一行業最少苦心鑽研了十年。

（四）個性方面：創意人大都獨立、執著、對工作有強烈的動機。他們多半憑直覺之本能決定事情。他們反迷信、反傳統，但具有懷疑與冒險的性格。他們有時難以相處，但都具有高度的幽默感。

（五）童年方面：創意人通常不會有一個呆板、平淡的童年。父母的離異與經濟狀況的起伏不定乃常見的情形。逆境常能幫助刺激小孩從不同的角度去觀察與分析問題。他們的父母具備較高的文化水準與知識程度，對小孩採取較放任的管教方式，使小孩養成自己面對問題並解決問題的習慣。

（六）社會性方面：創意人雖然個性獨立，可是並不孤癖。他們都很合群，經常與同事或朋友討論問題，交換意見。研究顯示，合群者較孤癖者發表更多的論文、創造更多的作品、擁有更多的專利。

從以上的研究結果可知：創意人的智商不用太高，也不用受太高的教育；可是必須有合群、獨立、懷疑、冒險的性格，他們必須養成從不同角度看問題的習慣，也必須反迷信、反傳統，並在本業執著努力，至少已經苦心鑽研十年了。

▌三個常見的概念

其實，具備上述條件的人太多了。由此可以證明，創意並非天生，而是可以後天培養的。那麼，要如何培養出創意呢？組合、改良以及新用途這三個概念，就是最常見培養創意的技巧。

組合

組合，就是把舊產品加以新的組合的意思。

以創意揚名全美的廣告大師詹姆斯・楊（James Webb Young），曾在所著的《產生創意的方法》（A Technique for Producing Ideas）中揭示：創意完全就是舊元素的新組合。

合金是組合概念下的偉大產品，生日音樂卡片是舊產品生日快樂歌與卡片的新組合，電子錶筆是舊產品電子錶與原子筆的組合，褲襪就是舊產品褲子與襪子的新組合，收錄音

機就是舊產品收音機與錄音機的新組合，坦克車就是舊產品汽車與大砲的新組合。

帶橡皮擦的鉛筆也是「組合」概念下的偉大產品，它是舊產品鉛筆和橡皮擦的新組合。

習慣用鉛筆來畫人像的窮畫家海曼，在繪畫時經常為了要塗改而找不到橡皮擦，有一天，他又在找橡皮擦，突發奇想：「總得想個辦法讓橡皮擦待在鉛筆的旁邊。」「哈！有了，用兩塊鐵片夾住橡皮擦，並固定在鉛筆頭上，把兩樣東西組合起來就行了！」

試用結果非常理想，海曼在 1867 年取得新型專利，後來賣給一家鉛筆公司，在十七年內，他總共得到數百萬美元的權利金與紅利。

小孩玩積木，是一個典型舊元素新組合的遊戲。積木可以有許多不同的組合，但不一定能組合成為有用之物（有時是房子，有時是動物，有時卻是四不像）。

積木遊戲給我們一個大啟示：任何舊產品都可能組合，但不是所有的組合都能成功。換言之，並非所有舊產品的新組合都能產生創意。不過，舊產品的新組合鐵定是產生創意最重要的來源。

改良

改良，就是把舊產品縮小、放大、改形狀或改變功能的

意思。所有的產品，除了第一代是發明之外，以後都是經由「改良」逐步完成的。

莎士比亞最著名的舞台劇，就屬那齣悲劇王子的復仇記——《哈姆雷特》（Hamlet）。但該劇並非莎翁的創作，而是源自丹麥的一則傳奇故事。那則平淡無奇的傳說，經莎翁改良之後，變成光芒萬丈的經典名劇。這是舊元素經過改良後，所產生的偉大創意。

全世界的影迷都會發現，曾輕轟動全球的《第六感生死戀》（Ghost），只是舊影片《直到永遠》（Always）的改良；而賣座鼎盛的《推動搖籃的手》（The Hand that Rocks the Cradle）也是舊影片《致命的吸引力》（Fatal Attraction）的改良罷了。

如果你是一位愛聽笑話的人，必定會發現，任何新笑話不過是老笑話的改良版罷了。原因是，真正新鮮的笑話太少了。只好藉著改良或新編舊笑話，以創造出新笑話。

日本的經營之神松下幸之助深諳「改良」的道理，因此從創業之後，一直秉持「改良舊產品、大量生產、降低成本、低價售出」的經營策略，打出一片大好江山。

其實不只松下，日本許多企業家亦深刻體會出「改良」的重要。瞧瞧日本稱霸國際市場的產品，諸如：汽車、電視、照相機、錄影機等，全都從模仿外國產品起步，而後逐漸改良產品的形狀與性能，再努力於生產線的合理化，最後

終能降低成本，生產出具有競爭優勢的產品。

因此，「改良」不但是創意的重要來源，也是開發中國家企業進軍國際市場的重要利器。

「改良」的定義，近似哈佛大學教授李維特（Levitt Theodor）所說的「創造性模仿」（Creative Imitation）。創造性模仿絕非仿冒，它的基本精神是創新的、積極的，經過對舊產品的改良或重組後，產生另一全新的產品。

管理大師杜拉克說：「創造性模仿者並沒有發明產品，他只是把創始產品變得更完美。或許創始產品應具備一些額外的功能，或許創始產品的市場區隔欠妥，須調整以滿足另一市場。」

杜拉克這一段話，正好對「改良」做了貼切的詮釋。

新用途

新用途，就是發現產品的新用途，或是改變產品用途的意思。

無論是發現產品的新用途，或是改變產品的用途，產品本身無任何改變，只是你用不同的眼光或從另一角度去看該產品而已，這是認知的改變。彼得·杜拉克曾表示，「認知的改變」就是創意的重要來源。

十九世紀中葉，歐洲四處流行瘧疾，當時的特效藥天然奎寧供不應求，於是德國名化學教授霍夫曼帶領一群學生試

圖研究出人工合成奎寧。

有一個名叫巴勤的學生，雖然很努力進行各種試驗，但都一一失敗。有一次，巴勤把苯胺與重鉻酸鉀這兩個元素組合起來，仍舊失敗了，可是當他把組合的液體倒入清水裡，竟然呈現出鮮艷的紫紅色。

巴勤靈機一動：「雖然人工合成奎寧失敗了，可是用它來製出染衣服的染料，不也很好嗎？」於是進一步研究，製成「苯胺紫」，開人工染料的先河。

這是發現產品的新用途。

著名的法國細菌學家巴斯德（Louis Pasteur），為了研究葡萄酒發酵的原因，發現酵母菌使葡萄酒發酵變酸，於是他發明一種低溫殺菌法，殺死酒中的酵母菌，而使葡萄酒保持原有的甜味。

此種為了保持酒原味的巴斯德殺菌法，有人發現它的新用途，將它應用在牛奶的消毒上，造福了千千萬萬的人類。

外科醫師李斯特爵士（Lord Lister）更把巴斯德的細菌理論應用在外科手術上。李斯特心想：「假如細菌能使葡萄酒變味，那麼外科中許多不明的死因，是否也跟細菌有關呢？」

李斯特改變「巴斯德細菌理論」的用途，發明外科消毒術，不但拯救無數的生靈，自己也因此永垂不朽。

這也是發現產品的新用途。

　　所以，縱使產品不變，僅僅是認知上的改變，只要發現產品的新用途，就會產生無窮的創意。

　　當然，上述「組合」、「改良」以及「新用途」，只是最常見培養創意的技巧。有關其他培養創意的技巧，請參閱第四章二十個改變思維的方法，讓創意源源不絕。

● 步驟六

選擇可行的方案

　　當企劃人找到足夠的創意之後，他必須仔細評估手中方案的優劣，然後從中選擇一個可行的方案，這是撰寫企劃案的第六個步驟。

可行方案三項意義

　　所謂「可行」的方案，包含下列三項意義：

這個方案的確可行

　　每一個企劃案都受到本身資源的限制，包括人力、物力、財力、時間等等。由於受限於資源，因此該企劃案是否可行就很重要了，一個偉大的創意若不可能實現，那麼創意就成為空想了。

　　許多企劃人秉持「無中生有，天馬行空」的企劃原則，挖空心思，大膽突破，想出一個很好的創意。然而常因忽略了企業的有限資源，結果企劃案進行到一半，就發生後繼無

力的現象,以至於功敗垂成,那是非常可惜的。所以,在選擇方案時,「好」的創意固然要緊,「可行」的創意卻更重要。切記!在務實的前提下,「可行的」創意往往比「最好的」創意還要好。

另外,如果你選擇的方案必須依賴其他條件的配合才能實施,或是該方案交給別人推行就不易成功,那表示該方案的可行度偏低。

高階主管的信任與支持

由於企劃部門是幕僚單位,影響是間接的,企劃是否能順利推行、執行到底,與高階主管的信任支持程度有很大的關係。

通常推行一個企劃案,需要投入的資金高達幾百萬,甚至幾千萬,而企劃案在推行之初,很可能看不出任何效果,這時倘若高階主管的意志不夠堅定,對企劃案的信心動搖,影響他對方案的支持與信任程度的話,該企劃案恐怕就難逃夭折的命運了。

其他部門的全力配合

要使企劃案順利推行,除了高階主管鼎力支持之外,公司其他部門的全力配合也非常重要。企劃人必須留意其他部門的反應與排斥。

　　企劃部門擬妥企劃案之後，縱使思慮周密，詳細分工，倘若得不到各部門的參與、認同與支持，非但無法發揮團體作戰的效果，而且會使方案窒礙難行。

　　因此，在擬訂方案之前，必須與其他有關部門多溝通、協調。最好的方法是，請各部門的主管共同參與擬定企劃案，經過大家熱烈討論之後所得的企劃案，就不只是企劃部門的方案，而是大家參與、認同的方案了。這麼一來，必會得到各部門的全力配合，以收事半功倍之效。

　　總之，撰寫企劃案時，不但須說服高階主管，選要獲得人事、總務、業務、財務、生產等有關部門之認同首肯後，才能順利推展。

● 步驟七

寫成企劃案

撰擬企劃案從界定問題開始，經過蒐集現成資料、市場調查、把資料整理成情報、產生創意，一直到選擇可行的方案，前後共六個步驟。接下來，就得把你的概念文字化，也就是把構想寫成企劃。

到底要怎樣才能寫出一個好的企劃案呢？根據我多年撰寫企劃案的經驗，一個好的企劃案除了必須具備前述 6W2H 與 1E 等九個要素之外，還必須符合下列的十個要件：

（一）企劃案的目標必須清晰明確：這是企劃案最核心、最重要之處，有明確的目標，才能集中資源奮力一擊。

（二）企劃案必須有突出的創意：能夠讓眾人眼睛發亮、拍案叫絕的點子，才是好的企劃案。

（三）企劃案的內容必須條理清楚，簡明易懂：除了目標明確之外，其內容必須容易瞭解，如此才有利於推行。

（四）文筆要簡潔流暢：企劃案的用詞最怕囉哩叭嗦，詞不達意，必須段落分明，並勾勒出重點，才是好的企劃案。

（五）盡量多用圖與表：寫企劃案，字不如表，表不如圖，因為圖表與文字相較之下，更容易讓人瞭解。

（六）企劃案要確實可行：任何企劃案都是在有限的資源之下進行的。經驗豐富的企劃人都知道，可行比偉大的創意更重要。

（七）進度要能明確掌握：企劃案實施之後，所有的人、地、事、物都必須能夠有效地掌控，以便能隨時隨地掌握進度。

（八）預算要逐一詳列：編列預算要精準，任何可能用到的費用都要在事前逐一列出，以便能有效控制經費的支出。

（九）效果要能清楚評估：企劃案實施之後，其效果必須能夠跟最初設定的目標做比較，以便清楚評估。

（十）量化：如果可能的話，企劃案的目標、進度、預算、結果等等全部用數字表達出來。量化的東西，既清楚又有說服力。

　　我們在搞清楚企劃案的九個要素與十個要件之後，接下來要如何去動手呢？我建議先去參考第三章所列舉的十四種格式。那些都是企業界最常見的十四種企劃案，我知道對毫無經驗的企劃人而言，要思索出企劃案的格式或架構極為困難，故筆者編寫出這些格式以供企劃人撰寫企劃案時參考。

　　這個過程很像學寫毛筆字的臨帖，我們小時候寫毛筆字，就是把標準字帖置於旁，摹仿其筆畫而書寫，久而久之，就能寫出漂亮的毛筆字。依此原則，參考我所列舉的十四種格式，依樣畫葫蘆，相信您一定能寫出盡善盡美的企劃案。

　　當然，您也可以憑這些格式為基礎，然後根據自己的實際需要增增減減，改良出一個最適合自己的新格式。

● 步驟八

實施與檢討

寫成企劃案之後，雖然撰擬企劃案的工作告一段落，但就企劃案而言，還有兩個後續動作：佈局實施與檢討評估。

請注意，這兩項工作常受到忽略，茲說明於下。

佈局實施

寫妥可行的企劃案之後，接下來就是佈局實施的階段。此一階段包括兩部份工作，一是模擬佈局，一是分工實施。

模擬佈局

舞台劇在正式上演之前，都需要彩排，企劃案在正式實施之前，也需要彩排。企劃案的彩排就是模擬佈局。這時，企劃者必須根據已經擬妥的預算表與進度表，運用「圖像思考法」，模擬出企劃案的佈局與進度。

所謂「圖像思考法」，就是運用人類圖像思考（傳統只用語言思考）的本能，把未來可能的發展，一幕一幕仔細在

腦海中呈現出來。這時候，你的腦袋就像一部放映機，把企劃案的佈局與進度，事先在腦中播放一次。藉著圖像思考法，不但可以預測未來企劃案的過程與發展（可藉機修正缺失），亦可預測企劃案實施後的效果。

分工實施

　　企劃人一方面詳加分配各部門（業務、生產、人事、財務、總務等）的任務，分頭實施；另一方面根據修正妥當的預算表與進度表，嚴密控制企劃案的預算與進度。

　　這時，整個企劃案才從「構思」落實到「動手」的階段。企劃案寫得再好，若執行不徹底，還是紙上談兵。企劃人應運用組織、協調與說服的功能，使各部門分工又合作，讓企業的整體戰力發揮得淋漓盡致，以達成企劃案的目標。

▌檢討評估

　　企劃案推行結束之後，必須做成效的檢討評估，以做為撰擬新企劃案的參考。

　　檢討評估的項目包括：

→1. 目標明確嗎？是否達成企劃的目標？

→2. 倘若創意成功了，成功的關鍵何在？倘若失敗了，為什麼會失敗？

→3. 各部門間協調良好嗎？是否有互相牴觸或排斥的情形？

→4. 有沒有人看不懂企劃案？或不完全懂？

→5. 所蒐集到的情報研判準確嗎？

→6. 整個企劃是否按照預定的進度？是延後？還是超前？原因何在？

→7. 所編列的預算嗎？太多或太少？原因何在？

→8. 實際的成果與事前的預測符合嗎？

3

十四個好用的
企劃案格式

· 你不知道企劃案格式沒關係，本章提供現成的好
　用的十四個企劃案格式，你定能觸類旁通，一學
　就會。

● 格式一

一般企劃案

企劃案名稱

　　企劃案的名稱必須寫得具體而清楚，舉例來說，「如何防盜企劃案」這樣的名稱，就不夠完整而明確，應該修正為「台北市 2018 年 6 至 12 月大安社區防盜企劃案」，比較妥當。

企劃者的姓名

　　企劃者的姓名、隸屬單位、職稱都應一一寫明。如果是企劃群，每一位成員的姓名、所屬單位、職位都應寫出。若有公司外的人員參與，亦應一併列明。

企劃案完成日期

　　依企劃案完成的年月日據實填寫。如果企劃案經過修正之後才定案的話，除了填寫「某年某月某日完成」之外，應再加上「某年某月某日修正定案」。

企劃案目標

　　企劃案的目標必須寫得具體而明確，以「台北市 2018

年 6 至 12 月大安社區防盜企劃案」來說，目標就是台北市
大安社區竊盜案降低百分之十。

企劃案的詳細說明

這是企劃案的本文部份，也是最重要的部份。內容包
括：企劃緣起、背景資料、問題點與機會點、創意來源與關
鍵點。

預算表

實施本企劃案所需的經費，還有必需的人力、物力等，
詳細列表說明。

進度表

實施本企劃案預定的進度。

預測效果

根據手中握有的情報，預測企劃案實施後的效果。一個
好的企劃案，效果是可期待、可預測的，而且結果經常與事
先預測的效果相當接近。

附上其他備案

由於達成目標（或解決問題）的方法一定不只一個，所

以在許多創意的激盪之下，必定會產生若干個方案。因此，除了必須把選定此方案的緣由（多半強調其「可行」）詳加說明外，也應將其他備案一併列出（附上概要說明），以備不時之需。

參考的文獻資料

　　有助於完成本企劃案的各種參考文獻資料，包括：報紙、雜誌、書籍、演講稿、企業內部資料、政府的普查與統計資料、登記資料、調查報告等，都應列出，一則表示企劃者負責任的態度，再則可增加企劃案的可信度。

其他應注意事項

　　為使本企劃案能順利推展，其他重要的注意事項得附在企劃案上，諸如：

- 執行本企劃案應具備的條件（企劃部門主管領導部屬撰擬企劃案，但不一定是企劃案執行人）。
- 必須獲得其他若干部門的支援與合作。
- 希望經營者向全體員工說明本企劃案的意義與重要性，藉以培養群體的共識。

● 格式二

行銷企劃案

行銷企劃案的架構可分為兩大部份，一是市場狀況分析，一是企劃案本文。

市場狀況分析

為了瞭解整個市場規模之大小以及敵我情勢，市場狀況分析必須包含下列十四個項目。

→1. 整個產品市場的規模（包括量與值）。

→2. 各競爭品牌的銷售量與銷售值的比較分析。

→3. 競爭品牌各營業通路別的銷售量與銷售值的比較分析。

→4. 各競爭品牌市場佔有率的比較分析。

→5. 消費者年齡、性別、籍貫、職業、學歷、所得、家庭結構分析。

→6. 各競爭品牌產品優缺點的比較分析。

→7. 各競爭品牌市場區隔與產品定位的比較分析。

→8. 各競爭品牌廣告費用與廣告表現的比較分析。

→9. 各競爭品牌促銷活動的比較分析。

→10. 各競爭品牌公關活動的比較分析。

→11. 各競爭品牌定價策略的比較分析。

→12. 各競爭品牌銷售通路的比較分析。

→13. 公司的利潤結構分析。

→14. 公司過去五年的損益分析。

▎企劃案本文

　　一份完整的行銷企劃案，除了必須有上述的詳細市場狀況分析資料之外，還要包括公司的主要政策、銷售目標、推廣計畫、市場調查計畫、銷售管理計畫、損益預估六大項。這六大項就是行銷企劃案的本文，茲分別說明於下。

公司的主要政策

　　企劃人在擬定行銷企劃案之前，得與公司的高階主管，就公司未來的經營方針與策略，做深入的溝通與確認，以決定公司的主要政策。下面就是雙方要研討的細節：

- 確定目標市場與產品定位。
- 銷售目標就是擴大市場佔有率，還是追求利潤。
- 價格政策是採用低價，高價，還是追隨價格。
- 銷售通路是直營，還是經銷，或是兩者併行。
- 廣告表現與廣告預算。
- 促銷活動的重點與原則。
- 公關活動的重點與原則。

銷售目標

所謂銷售目標，就是指公司的各種產品在一定期間內（通常為一年）必須達成的營業目標。

一個完整的銷售目標應把目標、費用以及期限全部量化。舉例來說，從 2018 年 1 月 1 日至 12 月 31 日為止，銷售量從五萬個增加到六萬個，成長 20％，營業額一億元，經銷費用預算三千萬，推廣費用預算一千萬，管銷費用預算一千萬元，利潤目標一千萬元。

銷售目標量化之後，有下列的優點：

→1. 可做為檢討整個行銷企劃案成敗的依據，諸如：目標訂得太高或太低，各種預算太多或太少等等。

→2. 可做為評估績效的標準與獎懲的依據。

→3. 可做為下一次訂定銷售目標的基礎。

推廣計畫

　　企劃者擬訂推廣計畫的目的，就是要協助達成前述的銷售目標。推廣計畫包括目標、策略、細部計畫三大部份。

（一）目標

　　企劃人必須明確地表示，為了協助達成整個行銷企劃案的銷售目標，所希望達到的推廣活動的目標。

　　舉例來說，為了達成前述銷售量成長二成，利潤一千萬元的銷售目標，在一年之內必須把品牌知名度從 30％提高到 50％；此外在公關活動方面，大眾對公司的良好印象，從 40％提升到 60％。

（二）策略

　　決定推廣計畫的目標之後，接下來就要擬定達成該目標的策略。推廣計畫的策略包括廣告表現策略、媒體運用策略、促銷活動策略、公關活動策略四大項。

　　1. 廣告表現策略：針對產品定位與目標消費群，決定廣告的表現主題。廣告須依其特定的目的來決定廣告主題，以前例來說，該廣告表現的主題須提高品牌知名度。

2. 媒體運用策略：媒體包括報紙、雜誌、電視、廣播、傳單、戶外廣告、車廂廣告、網路廣告等。要選擇何種媒體？各佔若干比率？廣告的到達率與接觸頻率有多少？（即 Reach and Frequency，指消費者至少一次收視到廣告訊息的比率，與消費者收視到廣告訊息的平均次數。）

3. 促銷活動策略：促銷的對象，促銷活動的種種方式，以及採取各種促銷活動，所希望達成的效果是什麼。

4. 公關活動策略：公關活動的種種方式，公關的對象以及舉辦公關活動，所希望達成的目的是什麼。

（三）細部計畫

詳細說明達成每一策略所採行的細節。

1. 廣告表現計畫：報紙與雜誌廣告稿之設計（標題、文案、圖案），電視廣告的 CF 腳本，收音機的廣播稿等。

2. 媒體運用計畫：報紙與雜誌廣告，是選擇大眾化或是專業化的報紙與雜誌，還有刊登日期與版面大小等；電視與收音機廣告，選擇的節目時段與次數。另外，亦須考量 GRP（即 Gross Rating Point，總視聽率）與 CPM（即 Cost Per Millenary，廣告訊息傳達到每千人平均之本成）

3. 促銷活動計畫：包括 POP（即 Point of Purchase Display，購買點陳列）、展覽、示範、贈獎、抽獎、贈送樣品、試吃會、折扣戰等。

4. 公關活動計畫：包括股東會、發公司消息稿、公司內部刊物、員工聯誼會、愛心活動、傳播媒體的聯繫等。

市場調查計畫

市場調查在行銷企劃案中，屬於非常重要的一部份，因為從市場調查所獲得的市場資料與情報，是擬定行銷企劃案最重要的分析與研判的依據。此外，前述第一大部份市場狀況分析中的十四項資料，大多可透過市場調查獲得，由此亦可知市場調查之重要。

然而，市場調查常受到高階主管與企劃人員的忽略。許多企業每年投入大筆廣告費，可是對市場調查卻吝於提撥，這是相當錯誤的觀念。

市場調查計畫與推廣計畫一樣，也包括目標、策略以及細部計畫三大項，此一部份請參閱第二章中之步驟二、三、四各節。

銷售管理計畫

假如把行銷企劃案看成一個陸海空的聯合登陸戰，銷售目標是登陸的目的地，市場調查計畫是聯勤，推廣計畫是海空軍，銷售管理計畫就是陸軍了。在聯勤的有效支持與強大海空軍掩護之下，仍須依賴陸軍的攻城掠地，才能獲得決定性的勝利，因此銷售管理計畫的重要性不言而喻。銷售管理

計畫包括銷售主管人員、銷售計畫、推銷員的甄選與訓練、激勵推銷員、推銷員的薪酬制度（薪資與獎金）等。

損益預估

任何行銷企劃案所希望達成的銷售目標，追根究柢還是追求利潤，而損益預估就是要在事前預估該產品的稅前純益（即利潤）。

只要把該產品的預估銷售總值（可由預估銷售量算出）減去銷貨成本、營銷費用（經銷費用加管銷費用）、推廣費用後，即可獲得該產品之稅前純益。

● 格式三

新產品開發企劃案

▋ 內部考慮因素

選擇新產品

- 市場情報。
- 新產品性質（組合、改良、新用途或是新發明）。
- 估計潛在的市場。
- 消費者接受的可能性。
- 獲利率的多寡。

新產品再研究

- 同類產品的競爭情況。
- 預估新產品的成長曲線。
- 產品定位的研究。
- 包裝與式樣的研究。
- 廣告的研究。
- 銷售促進的研究。
- 製造過程的情報。

‧產品成本。

‧法律上的考慮。

‧成功機率。

市場計畫
（一）產品計畫

‧決定產品定位。

‧確立目標市場。

‧品質與成份。

‧銷售區域。

‧銷售數量。

‧新產品發售的進度表。

（二）名稱

‧產品的命名。

‧商標與專利。

‧標籤。

（三）包裝

‧與產品價值相符的外貌。

‧產品用途。

- 包裝的式樣。
- 成本。

（四）人員推銷

- 推銷技巧。
- 推銷素材（DM、海報、標籤等）。
- 獎勵辦法。

（五）銷售促進

- 新產品發表會。
- 各種展示活動。
- 各類贈獎活動。

（六）廣告

- 選擇廣告代理商。
- 廣告的目標。
- 廣告的訴求重點。
- 廣告預算與進度表。
- 預測廣告的效果。

（七）公共關係

· 與政府有關機構的公關。

· 與上下游廠商的公關（供應商與經銷商）。

· 公司內勞資的關係。

· 與各傳播媒體的公關。

（八）價格

· 訂定新產品的價格。

· 研討公司與經銷商的利潤。

· 研討合理的價格政策。

（九）銷售通路

· 直銷。

· 經銷商。

· 連鎖商店。

· 超級市場。

· 大百貨公司。

· 零售店（雜貨店、百貨行、食品店、藥房等）。

（十）商店陳列

- 商店佈置。
- 購買點陳列廣告（即 POP，包括海報、櫥窗張貼、櫃台陳列、懸掛陳列、旗幟、商品架、招牌等）。

（十一）服務

- 集中服務（銷售期間的服務）。
- 售後服務。
- 訴怨的處理。
- 各種服務的訓練。

（十二）產品供給

- 進口或本地製造。
- 品質控制。
- 包裝。
- 產品的安全存量。
- 產品供給進度表。

（十三）運送

- 運送的工具與制度。
- 運送過程維持良好品質的條件。

．運費的估算。

．耗損率。

．耗損產品的控制與處理。

．退貨的處理。

（十四）信用管理

．會計程序。

．徵信調查。

．票據認識。

．信用額度。

．收款技巧。

（十五）損益表（指企業營運與盈虧狀況的報表）

．營業收入。

．營業成本。

．營業費用。

．稅前純益與稅後純益。

▌ 外部考慮因素

消費者行為研究

- ·購買者的需要、動機、認知與態度。
- ·購買決策者、影響決策者、產品購買者、產品使用者。
- ·購買時間。
- ·購買地點。
- ·購買數量與頻率。
- ·購買者的社會地位。
- ·購買者的所得。

與消費者的關係

- ·產品特點與消費者的利益。
- ·消費者潛在的購買能力。

與競爭者的比較

- ·公司規模與組織。
- ·管理制度。
- ·推銷員的水準。
- ·產品的特色與包裝。
- ·產品的成本。

‧價格。

‧財務能力與生產能量。

政府、社會環境與文化背景

‧法律規定。

‧經濟趨勢。

‧社會結構。

‧人口。

‧教育。

‧文化水準。

‧國民所得與生活水準。

‧社會風俗與風尚。

表四│新產品上市各項研究事宜及工作籌備進度表

（金球廣告公司陳家和先生製作提供）

2月　3月　4月

├──────┼──────┤

（一）市場研究

消費者之接受性及設定對象　├──────────┤　（市場調查分析）

潛在市場估計及銷售量預測　├──────────┤　（市場調查分析）

商業機會及未來之成長　├──────────┤　（貴公司研判）

競爭狀況及競爭地位　├──────────┤　（市場調查分析）

市場調查　├──────┤　（本公司配合實施）

（二）公共關係

衛生署檢驗單位　├──────┤　（貴公司執行）

（三）商品研究

2月　3月　4月　5月

├──────┼──────┼──────┤

（貴公司提供）

成份品質商品知識　├──────┤

（本公司提供）

商品式樣名稱

（本公司提供、貴公司申請登記）

包裝及圖案商標專利

價格 ├──────┤ （貴公司及本公司經各項
分析後決定各盤價格）

商品定位 ├──────┤ （本公司提供）

銷售量及分析（對象及地區） ├──────┤ （本公司提供資料，
貴公司決定）

（四）消費者研究

動機、習慣、數量、頻度、傾向 ├──────┤ （市場調查分析）

誰是購買者、社會地位、所得 ├──────┤ （市場調查分析）

5月　6月　7月

├──────┤

（五）營銷研究

分配制度（直營、間營網之建立） ├──────┤ （貴公司設定）

陳列計畫（商店廣告、海報、POP） ├──────┤ （本公司設定）

銷售訓練（訓練素材、推銷技術、推銷獎勵） ├──────┤ （貴公司準備）

服務（售後、售中、退回商品之處理，服務訓練） ├──────┤ （貴公司準備）

運輸（送達工具、安全存量、耗損率） ├──────┤ （貴公司準備）

信用管理（信用限額、會計程序、客戶徵信） ├──────┤ （貴公司準備）

（六）廣告計畫

目標　　　　　　　　　　　　　　　　（本公司提供）
　　　　　　　　　　　　　　　　　　├──────────┤

主題及表現　　　　　　　　　　　　　（本公司提供）
　　　　　　　　　　　　　　　　　　├──────────┤

媒體預算　　　　　　　　　　　　　（貴公司設定範圍，
　　　　　　　　　　　　　　　　　或由本公司建議）
　　　　　　　　　　　　　　　　　　├──────────┤

進度　　　　　　　　　　　　　　　　（本公司提供）
　　　　　　　　　　　　　　　　　　├──────────┤

　　　　　　　　　　　　　　　　（本公司提案貴公司參考）
銷售進度（對消費者、經銷商、推銷人員）├──────────┤

格式四

廣告企劃案

市場分析

- 目前的市場規模（Market Size）。

- 目前的市場佔有率（Market Share）。

- 市場未來的潛力。

- 通路情況（鋪貨到達率、產品陳列佔有率、產品回轉率）。

- 各競爭品牌情況。

消費者分析

- 決策者、影響決策者、購買者、使用者。

- 消費者的特徵（包括性別、年齡、職業、教育程度、所得、婚姻別、家庭人數、居住地區、宗教、社會階層……）。

- 重級與輕級消費者的購買量與購買頻率。

- 消費者購買的時間。

- 消費者購買的地點。

- 消費者購買的動機。

・消費者選購的資料來源。

・品牌轉換情況。

・指名購買度。

・品牌忠誠度。

・消費者使用產品狀況。

產品分析

・產品生命週期（Life Cycle）。

・產品的品質與功能。

・價格。

・包裝。

・產品的旺季與淡季。

・產品的替代性。

企業分析

・企業的歷史與經營項目。

・該企業在同業中的地位。

・該企業給消費大眾的印象。

・該企業的特性與競爭的優缺點。

・該產品在企業裡的地位。

推廣分析

- 與競爭品牌廣告的比較。
- 與競爭品牌人員推銷的比較。
- 與競爭品牌銷售促進的比較。
- 與競爭品牌服務的比較。
- 與競爭品牌公關的比較。

問題點與機會點

- 產品的問題點。
- 產品的機會點。

市場策略

- 目標市場。
- 市場定位。

產品策略

- 產品 USP（即 Unique Selling Proposition，獨特差異點）。
- 新產品開發。

廣告策略

（一）目標

- 設定目標的層次（知名度、瞭解度、偏好度、行動等）。
- 設定欲達成的目標值（譬如提高20％知名度）。

（二）設定訴求對象

- 訴求對象的特性。
- 媒體接觸訴求對象的概況。

（三）期間與地區

- 廣告活動的期間。
- 廣告期間的份量別（某段期間廣告量大、某段則廣告量小）。
- 廣告活動的地區。
- 廣告地區的份量別（某地區廣告量大、某地區廣告量小）。

（四）預算

- 總預算額。
- 期間別的預算分配。
- 地區別的預算分配。

廣告表現

- 廣告所要傳達的產品特性。
- 傳達的方式。
- 所選用的廣告媒體的特性。

媒體策略

- 設定媒體的目標（以到達率與接觸頻率來評估）。
- 報紙、電視、網路、廣播、雜誌等五大媒體之組合。
- 選擇該媒體的哪一種（譬如報紙，選《中國時報》、《聯合報》，還是《蘋果日報》、《自由時報》）？
- 選定媒體單位（指報紙的哪一版面，電視的哪一時段，雜誌的哪一類型）。
- 發稿的次數。
- 發稿的進度表。

附件

- 報紙完稿。
- 雜誌完稿。
- 網路完稿。
- CF（即 Commercial Film，廣告影片）。

● 格式五

零售店廣告企劃案

▌ 一、十大考慮要素

→1. 廣告訴求的目標市場。

→2. 廣告訴求消費者的類型。

→3. 廣告實施的期間與次數。

→4. 評估最恰當有效的廣告媒體。

→5. 同時採用多種廣告媒體的可能性。

→6. 實施廣告期間與促銷活動配合的問題。

→7. 廣告之後預估的銷售額。

→8. 廣告之後預估的稅前利潤。

→9. 競爭商店廣告活動的情形。

→10. 廣告費的預算。

▌ 二、零售店使用的廣告媒體

→**1. 大眾傳播媒體：**報紙（早報、晚報、一般報紙、專

用報紙）、雜誌（週刊、月刊、季刊、特刊等）、電視（無線電視、有線電視）、廣播、網路等。

→**2. POP 廣告**：商品說明標籤、價目卡、吊卡廣告牌、商品模型、陳列裝飾、旗幟、海報、招牌等。

→**3. 宣傳單。**

→**4. 贈送品廣告**：日曆、月曆、年曆、小筆記簿、火柴盒、菸灰缸、溫度計、原子筆、鉛筆、打火機等。

→**5. 戶外廣告**：牆壁廣告、汽球廣告、霓虹燈箱、公共場所的椅背廣告等。

→**6. 車廂廣告**：車內廣告、車身廣告、車站廣告等。

→**7. 郵寄廣告。**

→**8. 影片、幻燈片。**

→**9. 其他廣告**：宣傳車與其他商店（美容院、理髮廳、餐廳等）內的廣告。

上述九種廣告媒體之中，零售店最常使用的是 POP 廣告與宣傳單，本企劃案針對上述兩項將在後面做詳細說明。

▌三、廣告預算的編製

（一）銷售額提撥法

這是指從預估的銷售額（或以前做過類似廣告活動所得的銷售額）中提撥一定比率當廣告費。這個比率通常在1—3％之間。

（二）利潤提撥法

這是指從預估的利潤（或以前做過類似廣告活動所得的利潤）中提撥一定比率來當廣告費。

（三）參考同業法

這是指根據區域內同業所花的廣告費，從中編列自己的廣告預算。

▌四、製作廣告五要件

→**1. 激發創意：**這是製作廣告的第一要件，要使人看到之後，馬上感覺別出心裁，有創意。

→**2. 造成衝擊**：廣告必須有衝擊力，才能引起消費者的注意。

→**3. 產生興趣**：廣告的內容除了要造成衝擊，也要使消費者產生興趣，印象深刻。

→**4. 提供情報**：廣告也是傳達商品情報的工具，要使消費者從廣告中獲得新的資訊。

→**5. 促使衝動**：有效的廣告必須能夠刺激消費者的慾望，促使他們產生立刻要去購買的衝動。

五、POP 廣告

（一）定義

POP 是英文（Point of Purchase Display）的縮寫，按照英文直譯，POP 廣告就是銷售點陳列廣告，乃是指在商店賣場上使用的全部廣告而言。

（二）興起的原因

→1. 近年來消費者的購物習慣已經產生很大的改變，原來為了購買某種商品而赴商店的消費者逐漸減少，到商店街

逛一逛已逐漸成為許多人的休閒活動（或樂趣）。此種情形造成衝動性購買的消費者大幅增加，而 POP 廣告正是促使消費者衝動性購買的推手。

　　→2. 昔日的商店都以店員為推銷商品的主力，今天的消費者對店員緊迫釘人式的推銷都感到厭煩，POP 廣告這種不會給消費者帶來壓迫感的推銷，於是日益受到重視。

　　→3. 現代的消費者講求購物的樂趣，追求購物自由而方便，要求商品貨色齊全，在此趨勢之下，只有 POP 廣告才能滿足他們的需要。

（三）功能

　　→1. 提供資訊，協助消費者購物。

　　→2. 創造自由自在，不受干擾的購物環境。

　　→3. 可增加「衝動性購買」的消費者。

　　→4. 可促使消費者下決心購買。

　　→5. 可教育消費者。

　　→6. 補店員之不足。

　　→7. 與其他廣告活動配合，可收相輔相成之效。

　　→8. 可配合促銷活動，提高促銷活動的效果。

（四）種類

　　→1. 商品說明標籤（包括用途說明）。

→2. 價目表卡（包括購買方法）。

→3. 吊式廣告牌。

→4. 誘導牌。

→5. 商品模型。

→6. 宣傳小冊。

→7. 櫥窗廣告。

→8. 櫃台陳列。

→9. 懸掛陳列。

→10. 商品陳列架。

→11. 旗幟。

→12. 布條。

→13. 海報。

→14. 招牌。

（五）製作

→1. 廣告的大小尺寸。

→2. 廣告的形狀。

→3. 商品的廣告文案。

→4. 色彩。

→5. 字體。

→6. 構圖。

→7. 使用的材料：三夾板、厚紙板、紙張、金屬品、合

成樹脂、螢光燈等。

（六）展示

→1. 應先考慮賣場的佈置、商品的陳列以及通路的設計等問題。

→2. 店內商品的佈置應把握容易看得到，容易碰得到、容易取出來、容易搬出來四原則。

→3. 應考慮到消費者的購買心理：

（1）被商店櫥窗的 POP 廣告吸引，對商店產生好感，走入店內。

（2）從商品陳列的分類說明，知道商品陳列的位置，再依店內通道的指示找到商品。

（3）閱讀商品設明標籤，仔細觀察商品。

（4）用手觸摸商品，閱讀用途說明標籤。

（5）查看價目表卡與購買方法，比較類似商品的價格。

（6）想像未來使用商品時愉快的情形，考慮是否購買。

（7）再次確認商品的價值，並下決心購買。

▍六、宣傳單

（一）功能與特色

→1. 可在指定的區域內發送。

→2. 不受季節限制，可隨時發送。

→3. 可向消費者直接陳述廣告的內容。

→4. 效果迅速，直接了當。

→5. 廣告的形狀與尺寸比較不受限制。

→6. 費用低廉，採行容易。

（二）放送的方式

→1. 夾報、隨報發送。

→2. 雇人挨家挨戶分送。

→3. 派人在街頭遞交行人。

（三）製作與發送時的考慮事項

→1. 要有明確的主題。

→2. 要有明確的訴求對象。

→3. 必須引起消費者的注意與興趣。

→4. 必須能刺激消費者的購買慾。

→5. 要能強調商店的特色，加深消費者對商店的印象。

→6. 設法讓消費者記住店名及商標。

→7. 一張宣傳單上不宜列出過多商品，以免模糊焦點。

→8. 使用質感良好的高級紙張。

→9. 選擇恰當的發送時機。

→10. 選擇恰當的發送區域。

→11. 選擇恰當的發送方法。

→12. 評估發送的張數（*每次幾張*）與次數。

（四）製作要點

→1. 構圖。

→2. 標題。

→3. 文案。

→4. 照片或插圖。

→5. 商品價格。

→6. 店名與商標。

● 格式六

銷售促進企劃案

一、何謂銷售促進？

一般說來，產品在市場的銷售，包括了廣告（Advertising）、人員推銷（Personal Selling）、公共關係（Pubisc Relation）以及銷售促進（Sales Promction）等四大工具，一個優秀的行銷人員，懂得運用此四大工具，彼此妥善的搭配，在市場上開疆闢土，創造出良好的業績。

銷售促進，簡稱 SP（是英文 Sales Promotion 的縮寫），又稱為業務推廣或是促銷活動，其實它是指企業運用一些短期的誘因與手段，促進經銷商進貨或是消費者購買其商品或服務的銷售行為。

二、銷售促進的十個要素

一個完整的銷售促進企劃案，必須包括下列十個要素：

→1. 主辦此次銷售促進的部門與負責人。

→2. 決定銷售促進的商品及主打商品。

→3. 決定銷售促進的區域。

→4. 決定銷售促進的期間。

→5. 預估此次商品的銷售數量。

→6. 決定此次銷售促進的主題與口號。

→7. 各種廣告媒體與 POP 的費用。

→8. 列出銷售促進的經費與預算。

→9. 其他協辦單位的聯繫與配置。

→10. 擬定銷售促進的毛利目標額。

三、舉辦促銷活動的恰當時機

→1. 一年一次的週年慶。

→2. 歲末清倉大拍賣。

→3. 春夏秋冬換季大優待。

→4. 配合重要節慶（春節、婦女節、兒童節、母親節、父親節、重陽節、教師節等）折扣促銷。

→5. 配合重新裝潢新開幕優待。

→6. 增設分店紀念大贈送。

▌ 四、銷售促進的種類

根據對象的不同，銷售促進可區分為下列兩類：
→1. 針對經銷商的銷售促進。
→2. 針對消費者的銷售促進。

▌ 五、針對經銷商的促銷活動

→1. **舉辦銷售競賽**：制訂一套獎勵辦法，以高額的獎金吸引經銷商盡力推銷，達成業績。

→2. **贈送小汽車或小貨車**：為了促使經銷商努力推銷，達成業績，當銷售數量達一定金額時，即贈送小汽車或小貨車。

→3. **招待旅遊**：當經銷商的業績達到一定金額時，隨即招待至國內外免費旅遊。

→4. **買十送二**：為鼓勵經銷商配合促銷活動勇於進貨，訂一打的貨品，收十個的價錢，免費送兩個。

→5. **進貨補貼**：當新產品上市時，為了激勵經銷商進貨與陳列，特地給予新產品進貨補貼。這是一種短期減價行為。

→6. **廣告列名**：廠商在做廣告時，特地把經銷商的名稱、地址、電話等列出，以利消費者按址前往洽購。

→7. **廣告補貼**：當經銷商自行刊登廣告時，由廠商補貼一定金額之廣告費，金額多寡依其銷售金額高低而定。

→8. **協助改善店面佈置**：廠商為了鼓勵經銷商增加進貨量，乃派員至經銷商處協助改善店面佈置。

→9. **教育訓練**：廠商為了提高經銷商之推銷技巧與商品新知，會不定期舉辦教育訓練。

→10. **年終聯誼**：每年年終，廠商會舉辦豐盛餐會，招待經銷商與其眷屬，一則增進友誼，二則交換銷售心得。

▍六、針對消費者的促銷活動

→1. **家家戶戶免費贈送樣品**：廠商推出新產品時，為提高其知名度，常會配合廣告挨家挨戶贈送樣品。

→2. **買 A 送 B 的大贈送**：廠商為了處理滯銷品或是減輕庫存壓力，常會舉辦換季或年終清倉大贈送，買 A 商品立即贈送 B 商品，而 B 商品即是積壓倉庫的滯銷品。

→3. **買大送小**：這是典型的贈獎活動，只要消費者購買某較大商品，立即贈送較小商品，譬如買冰箱送咖啡壺。

→4. **折扣優待**：廠商為了吸引消費者前來購買，常會配合重要節慶，譬如兒童節、母親節等，打折優待，或是買一送一等等。

→5. **商品優待券**（Coupon）：廠商為了推廣某特定商品，常會夾報贈送優待券，消費者可憑券獲得優待，商品優待券在美加地區非常普遍。

→6. **贈送點數**：廠商會印製點數累積卡送給消費者，當前來購買時，即按所購金額贈送點數，當點數累積到一定數量，即可兌換精美贈品，此法可促使消費者持續購買。

→7. **實演證明**：廠商以受過良好訓練的推銷員，針對販賣的商品（譬如：廚房用菜刀、吸水抹布等），在百貨公司設點實際演練，證明商品的特點，此法常能收到搶購的效果。

→8. **新商品展示**：廠商在推出含有新技術的新商品時，譬如說汽電兩用省油新車種，常會利用車展的機會，對消費者做明確的解說，此法可刺激消費者之需要，能開拓市場。

→9. **聯誼活動**：廠商藉著商品的問世，配合廣告舉辦命名活動；或是在每年的元宵節舉辦猜謎遊戲（經過巧思，謎底常與商品名有關），以增進與消費者的聯誼。

→10. **新商品試用活動**：廠商為了鼓勵消費者使用其新商品，乃配合廣告舉辦新商品試用活動，消費者寫出試用心得寄回廠商可獲得精美贈品。

▊ 七、促銷活動之廣告配合與輔助工具

（一）廣告配合

→1. 電視。

→2. 報紙。

→3. 網路。

→4. 雜誌。

→5. 電台。

→6. 車廂廣告：鐵公路、捷運、市公車、計程車等。

→7. 戶外廣告：屋頂、牆壁、霓虹燈廣告等。

（二）POP 廣告

POP 是英文 Point of Purchase Display 的縮寫，POP 廣告指在銷售陳列的所有廣告而言，包括招牌、海報、布旗、貼紙、標籤、汽球、櫃台陳列、商品展示、示範操演等等。

（三）輔助工具

→1. DM 直接郵寄（Direct Mail）之廣告信函。

→2. 夾報傳單。

→3. 商品目錄與說明書。

→4. 宣傳車。

→5. 臨時試飲試賣攤位。

● 格式七

網路商店企劃案

▌一、選定販賣的商品

適用網路販賣的商品很多，譬如說：書籍、嬰兒用品、DVD、服裝、皮鞋、胸罩、小飾物、精油、寵物用品、情趣用品等等。在開店之前，必須評估自己較有利的條件，選定所要販賣的商品性質與種類。

▌二、經營理念

→1. 網路商店最大特色是物美價廉，本店堅持同一商品與實體商店相較之下至少便宜兩成。

→2. 追求顧客百分之百滿意，本店售出的商品在九十天之內無條件退貨，運費由本店負擔。

→3. 熱忱服務為本店的核對競爭力，熱枕服務的前提是善待員工，只要善待員工，員工自然會熱忱服務顧客；顧客滿意度高，回購率高，更能激勵員工服務熱忱。

→4. 本店最重視的兩個指標，顧客滿意度與顧客的回購率。

三、商品市場分析

→1. 商品潛在市場的大小。

→2. 商品消費層分析（年齡、性別、收入、教育程度、接觸媒體等）。

→3. 競爭商品優缺點比較（質量與商品特色）。

→4. 競爭商品售價策略比較（定價、折扣等）。

→5. 競爭商品廣告策略比較。

→6. 競爭商品公共關係（Public Relations）策略比較。

→7. 競爭商品銷售促進（Sales Promotion）策略比較。

四、綜合 SWOT 分析

→1. S 是 Strength，即優勢分析，和同樣的網路商店相比，你的優勢是什麼，譬如說，二十四小時商品送達，九十天無條件退貨等。

→2. W 是 Weaknesses，即劣勢分析，和同樣的網路商店相比，你的劣勢是什麼，譬如說，新店進貨成本較高，網路評分從零開始等。

→3. O 是 Opportunity，即機會分析，與類似的網路商店相比，你有哪些機會，譬如說，某一商品自己設計製作，市場獨一無二等。

→4. T 是 Threats，即威脅分析，與類似的網路商店激烈競爭之下，你會面臨什麼威脅，譬如說：同行的削價競爭。

五、確立行銷策略

→1. 採行以網路為主、電話為輔的無店鋪行銷模式。

→2. 把握商品定位，確立目標市場，進行有效卡位，在網路商品市場中，只有第一，沒有第二，只有成為該商品領域中的第一品牌才能在市場中存活，因此，本商店開張之後，一定要在顧客的腦海中建立一個鮮明的位置。

→3. 在每一年度的每一季，選定利潤商品與犧牲打商品。

→4. 決定商品的定價策略，包含高價策略、低價策略以及對付同業價格競爭的策略。

→5. 配合網路特性，設定廣告內容，選擇網路媒體。

→6. 以公益活動吸引媒體的注意與報導，推行公關活動。

→7. 敲定年度裏每一季的促銷活動。

→8. 預估各類商品銷售數量與總營業額。

▌六、製作網頁

→1. 根據前述之行銷策略製作網頁。

→2. 網頁是網路商店吸引顧客上網購買的媒介，必須掌握簡單易懂的原則，針對商品做仔細的文字解說與精美實物照片說明，吸引潛在顧客的注意。

→3. 必須讓潛在顧客從網頁裡獲得他們感興趣商品的詳細資料，愈詳細愈好。

→4. 網路商店特色之一就是比實體商店便宜兩成左右，廉價的特色要強調。

→5. 網路商店的特色之二是任你遨遊，不會有實體商店的店員的干擾與逼迫購買。

→6. 網站商店潛在顧客的購買心理演變的過程，大致可區分為：（1）引起注意（2）產生興趣（3）美好聯想（4）

激起慾望（5）價格比較（6）肯定商品（7）採取行動等七
個階段。因此，如何引起注意成為製作網頁的第一要務。

▌七、商品配送、收款、退貨

　　→1. 本店保證顧客在網路訂購之後，二十四小時之內務
必收到商店。

　　→2. 本店配合便利商店與快遞公司採取貨到收款方式，
顧客購物有保障。（顧客網上購物，擔心受騙上當）

　　→3. 為了保證顧客購物後百分百滿意，顧客可以在收到
商品後九十天之內，無條件退貨。（保證顧客買到好東西）

　　→4. 無論配送商品或退貨，運費完全由本店支付。

● 格式八

員工訓練企劃案

▌教育訓練企劃書

訓練需要的評鑑（Need Assessment）

- 學習要有動機，效率才會高，因此須先評估訓練的需要。
- 訓練須兼顧公司與員工的需要。
- 員工的訓練需要可經由調查而得知。

訓練企劃的推動者

- 員工教育訓練須由上而下才會有效果。
- 訓練企劃案不但要獲得高級主管的參與支持，而且要他們大力推動，否則一切空談。

經費來源

- 教育訓練是一種長期投資。
- 公司應每年編列預算，支持各種訓練。

訓練目標

- 確定訓練的目標。為達成公司的要求？員工個人的需求？還是配合新工作的推展？
- 長期的目標還是短期的目標。
- 訓練目標須讓受訓者充份瞭解。

訓練時期

- 定期訓練（新進人員訓練、主管定期進修等）。
- 不定期訓練（新管理制度實施、新產品推出等）。
- 營業淡季是訓練的好時期。

訓練方式

- 傳統授課方式。
- 討論方式（個案討論、分組辯論）。
- 角色扮演方式。
- 以上三種方式適用於集體訓練，個人訓練可參加企業外的講習會。

課程設計

- 依滿足訓練需要並達成訓練目標而設計。
- 須事先與講師充份溝通。
- 課程應注重實務，避免紙上談兵，不切實際。

聘請講師

- ・從公司優秀幹部中挑選或外聘。
- ・須讓講師充份瞭解受訓對象與訓練目標。
- ・教材請聘講師事前寫妥。
- ・事先讓講師熟悉授課場所。

訓練場所

- ・自備或外租。
- ・寬敞、安靜、光線為必須注意事項。
- ・講台（高度適當否）、麥克風（音效如何）、黑板是重要教具。

評估訓練成果

- ・原則上依訓練目標來評估訓練的成果。
- ・結訓後應測驗以瞭解受訓者吸收的多寡。
- ・觀察受訓者的成長或工作成效，藉以評估訓練的成果。

獎勵制度

- ・測驗成績優良者，發獎狀與獎金以激勵之。
- ・測驗成績併入個人考績。
- ・受訓後個人成長與工作成效特佳者，優先加薪或調整職務。

表五｜年度教育訓練計畫表

訓練課程名稱 目標	受訓者								舉辦月份													訓練方式						訓練場所	經費	備註
	非操作性			操作性			合計人數																傳統授課	討論	角色扮演	統授課	外派挑 內	外聘			
	一級主管	二級主管	三級主管	職領班	技術業員	作業員																									

● 格式九

推銷員訓練企劃案

▌ 訓練的意義

什麼人會去當推銷員呢？一般人的看法是：找不到好工作，無可奈何的人，才會去當推銷員。

由於上述觀念的作祟，所以一般公司都不重視推銷員的訓練，在新進推銷員報到，簡單予以產品介紹說明之後，再給幾份產品說明書與價格表，就要他們出去推銷了。對推銷員之訓練如此草率，當然不可能寄望有良好的業績表現。

後來，公司經營者與業務主管逐漸發現，馬虎式的訓練，使推銷員與公司均蒙其害。他們逐漸瞭解，必須給予推銷員嚴格而完整的訓練，才能要求推銷員有優異的表現。就像戰場上的士兵一樣，在未經訓練前，有如一盤散沙；經過嚴格訓練後，士氣高昂，才有可能打勝戰。

▌ 訓練的目的

豐富的商品知識與精湛的推銷技巧，是任何成功推銷員的兩大基石。因此，新進推銷員訓練的主要目的，就是灌輸商品知識與傳授優異的推銷技巧，如：商品的特色、商品對顧客的好處、商品推銷的對象、推銷方法與步驟等。

此外，受過訓練的推銷員才會拋棄職業上的自卑，對自己產生自尊與自信。

▌ 訓練的要素

一流的推銷員絕非天生，而是後天孕育訓練而成的。在撰擬推銷員訓練企劃案時，至少要包括 5W 與 1H。

何謂 5W 與 1H？那是指：為何（Why）？何人（Who）？何時（When）？何處（Where）？什麼（What）？如何進行（How）？

為何？（訓練的目的何在）

‧新進推銷員的養成教育。

- 推銷員的在職進修教育。
- 問題推銷員的矯正訓練。

何人？（受訓與授課的人）

（一）受訓的是什麼人？

- 新進人員還是在職人員？
- 正常推銷員還是問題推銷員？
- 受訓者的教育程度？性別？年齡？
- 受訓人數？（一般推銷員訓練最好不超過十五人）

（二）授課講師是什麼人？

- 業務部門主管？訓練部門主管？或者優秀的推銷員？
- 外聘企管公司的講師或大專院校的教授。
- 上述兩項可依實際需要交叉使用。

何時？（訓練的時機與期間）

依對象的不同，考慮訓練的時機與訓練時間的長短。

（一）訓練的時機

- 新進推銷員須在進入公司後立刻舉辦。
- 在職推銷員每年至少應有一次進修教育（在淡季）。

・在職推銷員遭遇到困境時，可採個別或小組討論的訓練。

（二）訓練時間的長短

・新進推銷員從一星期到數個月不等。

・在職推銷員的進修教育約七至十天。

・針對問題的個別與小組討論訓練，從一至數小時不等。

何處？（訓練的場所）

・公司的會議室、餐廳、禮堂等。

・若公司易受干擾，可向企管顧問公司租借。

・如果採需膳宿的數天訓練，現在很多飯店都有會議假期的專案，公司可依預算做選擇。

什麼？（訓練的內容）

訓練的內容包括知識、態度、技巧、習慣四大項：

（一）知識

・基本知識：公司沿革、規章、方針、組織、福利、經營理念、分公司所在地、工廠地點等。

- 商品知識：商品名稱、種類、價格、品質、性能、特點、原料、成份、設計、構造、製造過程、有效期間、使用方法等。此外，市場現況、競爭商品的情報、有關的法規等。
- 實務知識：估價方法、訂貨單、契約書、請款單、收據、發票、支票、本票等。

（二）態度

- 對公司的態度：忠心耿耿，引以為傲。
- 對產品的態度：物超所值。
- 對顧客的態度：滿足顧客的需求，處處為顧客設想。
- 對推銷的態度：愈能推銷者，愈能成大事。
- 對他人的態度：喜歡別人，相信人性本善。
- 對自己的態度：絕對誠實，充滿自信與自尊。
- 對未來的態度：實事求是，樂觀向上。

（三）技巧

- 如何推銷自己。
- 開拓潛在客戶的方法。
- 訪問前的準備工作。
- 約見客戶的技巧。

- 商談說明的技巧。
- 實演證明的技巧。
- 促成銷售的技巧。
- 信用調查與收款的技巧。
- 處理拒絕的技巧。
- 處理客戶訴怨的技巧。

（四）習慣

訂定目標、工作計畫、時間管理、訪問預定表、訪問記錄表、自我訓練。

如何進行？（訓練的方式）

訓練的方式可分為集體訓練與個別訓練。

（一）集體訓練方式

- 傳統講授方式。
- 個案討論方式。
- 角色扮演方式。

（二）個別訓練方式

即採用個別單獨訓練的方式，此種方式常用於問題推銷

員（指業績特差或桀傲不馴者）的訓練，或實地推銷訓練時實施之。

教材與教具

（一）教材

　　講義參考書、課程表、授課評鑑表、個案討論、講師自我評價表、角色扮演分析評價表等。

（二）教具

　　黑板、粉筆、掛圖、擴音器、投影機、放映機、幻燈片、影片、錄音帶等。

▍訓練的階段

　　推銷員的訓練可分為下列五個階段：

（一）心理準備

　　強調推銷員接受訓練，無論對公司或對他個人都有莫大的裨益。千萬不能使推銷員有被迫受訓的感覺，因為只有在

推銷員心甘情願、甚至主動要求受訓的情況下，才能激發推銷員強烈的學習欲望，以達到訓練的最大效果。

（二）說明

推銷員要做什麼？為什麼要做？如何去做？在訓練課程中都要說明清楚。

（三）示範

在詳細說明，確信受訓者已經完全瞭解之後，還得用動作示範給他們看。因為示範不但比口頭說明更容易瞭解，而且不會發生誤解（口頭說明易生誤解）。

（四）觀察

前述三個階段（心理準備、說明、示範）屬於「知」，「知」之後必須「行」，若無「行」，則「知」就等於「無知」了。

推銷員實地訪問推銷是最重要的受訓階段，通常須由資深推銷員在旁觀察。若不懂，立刻指導；有錯誤，立刻糾正。

（五）監督

　　監督是訓練成效的評核工作。訓練究竟發揮了多少效果？課程內容是否需補充？講師表現如何？新進推銷員中符合標準者有多少人？脫落率（指受訓後離職的比率）又有多少？

● 格式十

公共關係企劃案

▌目標與目標群

公共關係的目標

→1. 公共關係企劃案的第一部份就是確定實際工作的目標。

→2. 公共關係的目標須根據公共關係調查的結果。

→3. 公共關係調查的內容包括：

　　（1）公司組織、公司總目標、發展方向、人員素質、目前重大工作。

　　（2）瞭解公司在消費大眾心目中的形象。

　　（3）瞭解競爭對手公共關係的情況。

公共關係的目標群

・設定公共關係的目標之後，就得根據目標選定目標群。

・公共關係的目標群包括：消費大眾、社區大眾、公司員工、經銷商、供應商、傳播媒體等。

‧依據選定目標群的重要程度，劃分目標群的先後，例如：主要影響者、次要影響者、再次要影響者等。

媒介與活動

確立目標群後，即可針對目標群選擇溝通媒介與活動方式：

公共關係的溝通媒介

（一）大眾傳播媒介

‧報紙。

‧電視。

‧雜誌。

‧廣播。

‧網站。

（二）小眾傳播媒介

‧口頭式傳播：如演講、會議、面談、電話的聯繫等。

‧書面式傳播：信函、海報、傳單投遞、e-mail、網路 BBS 站等。

（三）公司製作的媒介

企業內刊物、企業網站、公司簡介、書籍、錄影帶、錄音帶、DVD 幻燈片等。

公共關係的活動方式

（一）針對消費大眾的活動方式

- 組織各種消費團體到公司參觀，讓他們瞭解生產過程與企業規模。

- 透過報紙、電視、雜誌、廣播、網站等大眾傳播媒介，把公司的經營理念、奮鬥經過、管理風格介紹給大眾。

- 出版公司或創辦人（或經營者）的傳記、介紹企業的經營理念與奮鬥理想。

- 不斷改善服務的品質，設專責機構解答公司產品的各項疑難。

- 配合公司產品，出版公益手冊，大量贈送。這些公益手冊如：節約用電、電器產品的操作與保養、正確使用殺蟲劑等。

- 重視訴怨，設專門機構，以處理各種大小訴怨問題。

- 成立基金會贊助或舉辦體育活動、文化活動、教育活動、慈善活動以及其他公益活動。

（二）針對社區大眾的活動方式

消費大眾與社區大眾的不同，前者指全國大眾，後者指某一地區或城市的大眾。

- 透過社區的報紙與電台，讓社區大眾瞭解企業的運作情況，特別是他們最關心的廢氣、廢水、噪音等公害處理情形。
- 經由社區的各類領導人物與意見領袖，使社區大眾瞭解企業存在的意義與企業對社區的貢獻（如提高就業機會）。
- 提供資金提高社區的醫療保健水準，如舉辦健康講座、社區消毒、免費義診等。
- 提供資金提升社區的教育水準，如舉辦各種技藝與語言講習班、老人進修等。
- 提供資金豐富社區文化生活，如舉辦文化講座、展覽會（書展、花展、畫展等）、音樂會、土風舞會等。
- 提供資金舉辦各種體育活動，以提升社區的體育水準。
- 提供資金加強社區大眾的環保意識，以提升生活的品質，如提倡垃圾分類、免費捐贈垃圾桶、贈送垃圾袋等。
- 社區發生火災、水災、車禍、竊盜、疾病等意外事件時，急速前往救援與慰問。

‧贊助社區其他公益活動，如殘障照顧、老人安養、幼兒上下學接送、認養公園與地下道、綠化社區、整頓交通等。

（三）針對公司員工的活動方式

‧透過企業內部刊物與企業網站（內部及外部），可以讓員工瞭解公司的經營情況與未來的發展目標、人事變動、員工的工作績效（獎懲）、員工的生活情況（生育、死亡、疾病、婚嫁、子女、喬遷、生日等）、管理規則的修訂與更改等。

‧建立員工提案制度，廣納員工的意見。

‧利用會議，以加強經營者、幹部、員工間之溝通。

‧舉辦訪問員工家庭活動，以瞭解員工的生活情況與工作上的困難，並可以藉機詢問員工對公司的意見。

‧設置意見箱、重視員工的投訴與建議。

‧員工在婚喪喜慶與受傷病痛，公司必須表示高度的關切，適時表達祝賀與慰問。

‧舉辦娛樂聯誼活動，如郊遊、運動會、歌唱會、舞會等。

（四）針對經銷商的活動方式

‧安排他們參觀工廠，使他們瞭解生產的程序、產能、

品質、員工素質等等，讓他們對企業能夠產生信心。

- 與經銷商合作處理客戶訴怨問題。
- 舉辦經銷商訓練活動，以增加他們的產品知識與推銷技巧。
- 讓經銷商對公司的行銷與廣告活動有一定程度的瞭解，以便相互配合，拓展市場。
- 訂定獎勵辦法，鼓勵優良經銷商長期合作。

（五）與傳播媒體的接觸原則

- 以爭取傳播媒體瞭解與支持為主要目的，再藉他們的報導取得社會大眾對企業的瞭解與支持。
- 公關人員對新聞的時效性、接近性、特殊性、重要性、人情趣味等基本特質，都必須深入研究。
- 傳播媒體最怕被企業利用，為企業宣傳，所以公關人員不但要知道各媒體的特色與風格，而且對他們需要的「新聞」必須有深入瞭解。
- 媒體記者的工作是採訪並挖掘新聞，公關人員須及時提供他們要的新聞或新聞線索。
- 與媒體記者建立友誼的祕訣就是「真誠」。

▌預算與評估

公共關係的預算

- ·針對公共關係的活動方式編列預算表。
- ·根據公共關係的目標適時控制預算與進度。

公共關係的成效評估

- ·核對公共關係的目標與成果寫出評估報告。
- ·評估報告詳細說明本公關企劃案成功與失敗之處，並檢討成功與失敗的原因，以做為日後擬訂企劃案的參考。

● 格式十一

年度經營企劃案

一、年度的經營目標

→1. 產品市場佔有率。

→2. 企業與品牌知名度。

→3. 生產量。

→4. 新產品研發。

→5. 營業額。

→6. 獲利率。

二、各種經營的企劃案

（一）行銷企劃案

→1. 經濟指標。

→2. 市場分析。

→3. 競爭分析。

→4. 行銷目標。

→5. 行銷策略。

（1）產品方面。

（2）通路方面。

（3）價格方面。

（4）促銷方面。

→6. 年度行銷方案。

→7. 行銷方案的損益評估。

（二）生產企劃案

→1. 生產目標。

→2. 生產期限。

→3. 生產設備。

→4. 預計所需的人力與原料。

→5. 設立下列管制系統。

（1）生產管制系統。

（2）品質管制系統。

（3）成本管制系統。

（4）採購管制系統。

（5）倉庫與存貨管制系統。

（6）安全衛生系統。

（7）保養維護系統。

（8）污染處理系統。

→6. 年度生產方案。

→7. 生產方案的評估。

（三）新產品研發企劃案

→1. 市場需求的演變與新產品研發。

→2. 新產品的發想。

→3. 新產品的篩選。

→4. 新產品可行性的研究與評估。

→5. 新產品的試銷。

→6. 正式上市。

（四）人力資源企劃案

→1. 年度員工的甄選與雇用。

→2. 意見溝通與激勵士氣。

→3. 薪資的調整與管理。

→4. 員工福利。

→5. 國內外訓練與進修。

（五）財務部門的經費支援與預算控制

● 格式十二

企業長期經營策略企劃案

一、企業分析

→1. 總公司與全球分公司。

→2. 企業的歷史與經營項目。

→3. 企業在同業中的地位。

→4. 企業給消費大眾的印象。

→5. 企業的特性。

→6. 企業的優缺點。

→7. 企業文化。

→8. 經營理念。

→9. 管理哲學。

二、企業經營者

→1. 經營者的人格特質。

→2. 經營者的領導風格。

三、企業經營目標

→1. 短期經營目標：一年。

→2. 中期經營目標：三至五年。

→3. 長期經營目標：十年以上。

四、經營策略的變遷（企業創立至今十八年）

→1. 草創期（一至三年）。

→2. 成長期（四至十年）。

→3. 成熟期（十一至十五年）。

→4. 停滯期（十六至十八年）。

→5. 開創期（未來的十年）。

五、長期經營策略的探討

→1. 從 OEM（原廠委外製造）到 ODM（原廠委外設計）到自創品牌。

→2. 從台灣市場、大陸市場到亞洲共同市場。

→3. 新產品研發策略。

→4. 通路策略。

→5. 財務策略。

→6. 人力資源策略。

● 格式十三

房地產投資可行性企劃案

一、法規限制問題

→1. 是否符合地政法規？

→2. 是否符合建築法規？

→3. 是否符合都市計劃法規？

→4. 是否符合其他有關法規？

二、建築技術問題

→1. 若有斷層問題，目前工程技術是否能克服？

→2. 若有淹水問題，目前工程技術是否能克服？

→3. 若是地質鬆軟，興建十二層以上大樓是否有問題？

→4. 若碰到超高層建築，施工技術上是否能克服？

→5. 若碰到深開挖建築，施工技術上是否能克服？

→6. 若需要特殊建材，目前是否有生產？

→7. 施工過程中，可能遭遇的其他建築技術問題。

三、市場可行性分析

（一）5W1H 分析

→1. Who：何人。

→2. When：何時。

→3. Where：何處。

→4. What：何事。

→5. Why：為何。

→6. How：如何。

（二）STP 分析

→1. S 即 Segmentation，市場區隔分析。

→2. T 即 Targeting，目標市場分析。

→3. P 即 Position，市場定位分析。

（三）SWOT 分析

→1. S 即 Strengths，優勢分析。

→2. W 即 Weaknesses，弱勢分析。

→3. O 即 Opportunities，機會點分析。

→4. T 即 Threats，威脅點分析。

（四）4 P 分析

→1. Product，產品分析。

→2. Place，通路分析。

→3. Price，售價分析。

→4. Promotion，促銷分析。

四、財務回收分析

→1. 還本期間法。

→2. 前門法與後門法。

→3. NPV 法，為 Net Present Value 之簡寫，乃淨現值法。

→4. IRR 法，為 Internal Rate of Return 簡寫，乃內部收益率法，又稱內部報酬法。

→5. MIRR 法，為 Modified Internal Rate of Return 之簡寫，乃修正後內部收益率法，又稱修正後內部報酬法。

→6. PI 法，為 Present Index 之簡寫，乃淨現值指數法。

五、風險性分析

→1. 風險容受力分析。

→2. 敏感度分析。

→3. 情境分析。

→4. 蒙地卡羅模擬分析。

→5. 變異係數分析。

● 格式十四

社團活動企劃案

一、活動名稱

　　社團的活動形形色色，種類繁多，譬如「健行郊遊」、「歌唱比賽」、「下鄉義診」、「護鄉護溪」等等，必須書寫清楚。

二、活動緣起

　　指這個活動的由來、經歷以及目前的狀況。

三、活動目的

　　每個社團舉辦活動的目的均不相同，「健行郊遊」可能為了聯絡感情，增進身心健康；「歌唱比賽」為了選拔優秀人才代表單位參加競賽；「下鄉義診」是為了服務偏遠地區的原住民；「護鄉護溪」是為了還原家鄉清澈乾淨的河川。

四、主辦單位

　　指主辦此次活動的單位，譬如說：台北市衛生局主辦「健行郊遊」活動，飛碟電台主辦「歌唱比賽」，台大醫院主辦「下鄉義診」，台東縣卑南鄉主辦「護鄉護溪」活動等等。

五、協辦單位

即協助辦理此次活動的單位。

六、指導單位

通常公家機關辦活動時，常會看到指導單位，這雖說是官樣文章，但也不能忽略。

七、參加人員

指參加這個活動的所有人員，必須依據每個人的詳細資料列出姓名、地址、網址、電話、手機號碼等等。

八、活動舉辦時間

詳列活動舉辦的日期與時間。

九、活動舉辦地點

必須寫明活動舉辦地點，最好有簡明的圖示。

十、活動內容

此次活動包括哪些內容均需詳細列出。

十一、活動流程

根據活動的參加人員、時間、地點、內容等等，必須很有條理地寫出活動的流程與其進度的控制等。

十二、工作分配

同樣的，根據活動的參加人員、時間、地點、內容等等，詳細分配每個人每天的工作，以及每項工作的負責人。

十三、經費預算

舉辦此活動所需的各項經費、車輛、人力、物力等，均需各別詳細列表說明。

十四、效果評估

這可分兩方面來說明，首先，一個好的活動企劃案，其效果是可期待、可預測的；而後，活動結束之後，必須做效果的檢討評估，證明是否與事前預測的吻合。另外，必須列出活動中所有的缺失，以做為舉辦下次活動企劃案的參考。

4

激法創意的
二十個方法

・好的藝術家，抄；偉大的藝術家，偷；我們向來
對偷取偉大的點子一點都不覺得可恥。

——史帝夫・賈伯斯

● 方法一

天天動腦

　　世界上有兩類人，一類人腦筋死板，故步自封，不願冒險，抗拒改變，凡事墨守成規；另一類剛好相反，他們作風開放，永遠不安於本份，喜歡冒險，樂於改變，他們厭惡墨守成規，本質上流著叛逆的血。其實，這兩類人最大的差異就在：前者從不動腦，而後者勤於動腦。

　　任何傑出的企劃人，由於他們永不安份，不斷地冒險，永遠在動腦，因此當然屬於後者。

　　績效優異的 IBM 公司，全世界人員的桌上，都擺著一愧「THINK」的金屬板，目的是要他們多動腦。

　　動腦，是激發創意的首要方法。

　　螞蟻是組織力極強的動物，可是牠的腦袋僅由二百五十個神經細胞所組成，而人類的腦袋是由一百六十五億的神經細胞所組成。這一百六十五億個腦細胞，一般人只用了二千萬個，大發明家愛迪生（Thomas Alva Edison）與德國名相俾斯麥（Otto Von Bismarck）是腦細胞用最多的人。前者一共用了四十億個，後者用了三十億個。

　　如果你既不想當平常人，也不想當愛迪生或俾斯麥，只想當一個出色的企劃人，那麼應當用多少腦細胞才適當呢？

答案是一百六十五億的百分之一點二，也就是二億個腦細胞。換言之，立志當企劃人之後，你必須比平常多動十倍的腦筋。

因為腦細胞是愈用愈靈活，而且一輩子用不完的，所以不要害怕動腦。而且動腦也沒想像中那麼困難，請讀下面的兩則實例。

實例一：味精的故事

日本有一家味精公司的老闆為了增加味精的銷售量，要求全體員工每人提出一個方案，經採納者將獲得一筆獎金。

該公司員工有人建議增加銷售網，有人建議改變包裝，有人建議加強廣告，最後雀屏中選的是一位工廠女工的提議——要公司把裝味精的瓶口上的小洞放大兩倍。

該女工的點子是在家中用餐時無意間想出來的。原來她一直為想不出任何方案而萬分苦惱，有一天在家中用餐喝湯時，順手拿起桌上的一瓶胡椒粉，要把胡椒粉倒到湯裡面，卻因瓶口的小洞受潮塞住而倒不出來，她拿了一支牙籤清理小洞的胡椒粉渣時，靈光一現，想出那個絕妙的點子。

實例二：暗房的故事

若干年前，美國著名的底片沖印公司 GA 的暗房部門，生產上發生問題，暗房內的軟片操作員必須在漆黑的房間內

作業，不但生產速度緩慢，而且經常造成接合上的錯誤。

暗房部經理為此傷透腦筋，苦思解決之道，有一天，他靈機一動道：「反正是在漆黑的暗房內摸索工作，明眼人做不好的事，何不請盲人來試試看。」

結果出乎大家意料之外，明眼軟片接合員每小時能處理一百二十五捲膠捲，而視盲的軟片接合員能處理一百六十捲膠捲，視盲者比明眼者多出了三十五捲的產量。不但如此，以前經常發生接合錯誤的問題，經過視盲者接手之後，就很少發生了。

上面兩則故事告訴我們，動腦並不困難，難的是要天天動腦，自己每天設定一個動腦的時間與地點，譬如：清晨睡醒上廁所時，在上班的公車上，散步時，洗澡時，入睡前。

想要當一個企劃人，想要激發出好創意，勤於動腦是你必須跨出的第一步。

● 方法二

恢復想像力

企劃人最重要的人格特質，除了必須天天動腦之外，就是要具備豐富的想像力。

人類的心智大約可區分為觀察、記憶、理解（分析和判斷）、想像四大功能。其中以想像力最重要，因為它是一切創意、企劃、發明之泉源。人類為了加強手指的力量，所以發明老虎鉗與起子；為了加強手臂的力量，所以發明鐵鎚與千斤頂，它們都是想像力的傑作。

許多偉人深知想像力的重要，科學家愛因斯坦曾說：「想像力遠比知識來得重要。」大文豪莎士比亞（William Shakespeare）說：「想像力使人類成為萬物之靈。」哲學家狄斯雷立（Disraeli）則更露骨地說：「想像力統治著整個世界。」

▌想像力是什麼？

想像力包括夢想、聯想甚至幻想等，它是人類的特殊稟

賦，它是一種把經驗、觀念、夢幻等矛盾的因素融合成一體的能力，也是一種將內在的心靈世界與外在的現實世界組合成虛構形象的能力。人和獸之間最主要的天賦區別就在：人類能運用想像力，去發揮自己的潛能並控制大自然；而其他的動物除了簡單的記憶力之外，毫無運用抽象意念的想像能力。

想像力是企業家成功的祕訣

許多人對船王歐納西斯（A. S. Onassis）致富的祕訣很好奇，特別是他在與人洽談生意或主持會議時，既不用秘書，也不準備檔案，可是都能折服對方，無往不利。

有一天晚上，服侍歐納西斯達十年的僕人佛萊德發現他成功的秘密。

佛萊德說：「晚上十一點左右，我看見歐納西斯獨自在甲板上走來走去，喃喃自語。前後有兩個小時，他就像在主持一項重要的會議，有時點頭認可；有時停頓一會，思考恰當的回應；有時生氣地喝斥；他就像一名在排戲的演員。」

原來歐納西斯成功的秘密就在──運用想像力，事前做充份的練習與準備。

想像力是作家創作的泉源

法國劇作家居雷爾（Francois Curel）想要寫劇本時，就

會到空無一人的劇場去，假想舞台上好比有真人在演奏一樣，運用想像力，開始構思劇本。

居雷爾總是一邊幻想著一邊揮筆疾書。當然，他寫了又改，改了又寫，一直不停地寫下去。寫到最後他筋疲力盡，精神恍惚之際，突然腦袋裡浮現出舞台的景像，同時舞台上的人物開始演出。

這時，別人當然看不見，可是對居雷爾而言，各種角色正鮮活地在舞台上既走動又講話。於是，他把舞台上的對白仔細地寫下來，接著，一個完整的舞台劇本就完成了。

▍「如果」思考法

想像力是一種天賦的本能，每一個人在孩童時，原本都具有豐富的想像力，可是在社會種種框框（包括法律、規章、制度、傳統等）的限制與約束之下，隨著年齡的增長逐漸被扼殺了。根據美國一項研究顯示，兒童進入小學就讀兩年之後，想像創造的能力減少 61％，到四十歲時，減少98％。為今之計，得要設法恢復。

為了提高成年人的想像力，有人「刻意」或經常和純真的小孩一起玩耍，也有人經常自己動手製造家具或裝修自己

的房屋。由於前者易受小孩豐富想像力的感染，後者在動手過程必須運用到想像力，因此兩者都是提高成年人想像力的方法。

雖然上述兩種提高想像力的方法有一定的效果，可是都比不上一種運用「如果」的方法。

當一個人的思考有了「如果」的空間，那麼他的想像力將從法律、規章、制度、傳統等束縛中解放出來。許多新產品由此開發成功。

——惠新公司的暢銷產品「YG 新潮內褲」（一種男性比基尼式緊身三角褲），那是來自「如果讓男人也穿三角褲」的賣點。

——百能工業公司的 Bensia 免削鉛筆，那是來自「如果鉛筆不須用刀削還能夠繼續寫書」的賣點。

——風行一時的電磁爐，那是來自「如果爐子不用火也能煮東西」的賣點。

從上面三個實例可知，「如果」的思考方式為提高想像力的良策，應多加運用。

● 方法三

角色扮演法

　　激發創意的第三種方法就是角色扮演法（Role Playing），那是站在別人立場去思考的一種方法。

　　在人際交往上，這種把自己假設為他人的想法，常使自己凡事設身處地為別人著想，而使自己廣得人緣，成為一個溝通的佼佼者。一個以「己所不欲，勿施於人」為金科玉律的人，凡事設想周到，善解人意，必定是位圓融成熟的人。

用在報紙報導上

　　另一方面，此種為他人設想的「角色扮演」，常強烈表現在人類的同情心上。

　　有一次，美國某報紙刊登了兩則新聞，一則報導由於預算赤字達七十億美元，可能使杜魯門總統的聲望下降；另一則報導三個鄉下少年替一隻骨折的小狗架上護板。

　　事後調查指出，有 44％的婦女記住狗新聞，只有 8％的婦女記住總統聲望可能下降的新聞。造成此項結果的原因是：一般婦女把自己設想成那三個鄉下少年之一，而不易把自己設想為杜魯門總統之故。

用在電視劇上

此一「角色扮演」的設想理論亦可應用在電視劇上。

造成電視八點檔連續劇高收視率的主因，乃是人們希望自己成為鏡頭裡的人物。假如他們不是為了把自己的經驗與性格，轉換為劇中人物的經驗與性格的話，為什麼會一再打開電視，樂此不疲呢？電視節目的製作人與編劇人，就是充份掌握人們「角色扮演」的心理，屢創佳績。

也只有「角色扮演」的設想理論，才能解釋當年轟動一時的《梁山伯與祝英台》電影，有那麼多人看了又看，甚至有人看了一百多場。

用在處罰子女上

絕的是，也有人把「角色扮演」運用在處罰子女上。

有若干美國夫婦當其子女犯錯時，就以「易地而處」的方法，坐下來與子女共同詳細討論所犯的錯誤，然後由子女自行決定應受輕或重的處罰。

此種方式會使孩子覺得受到公平合理的處罰，因而心甘情願，毫無怨言，而且較易改正。

如果我是顧客

角色扮演法原來的公式是「如果我是他」，假設用在企業界的話，應該就變成「如果我是顧客」了。

　　舉例來說，假如你是一個推銷員，那麼原來你在推銷某一產品時，心中會想：「我應當如何推銷，顧客才會購買我的產品呢？」如今角色對調，把自己當成顧客，心中要想：「我是一個顧客，推銷員要如何向我推銷，我才會買他的產品呢？」

　　美國曾經有一個家具商人，販賣了四十年的家具之後，運用角色扮演法才能深刻體會出，他根本不是在賣家具，而是在販賣家具所產生的精神意義，諸如：溫馨、舒適、放鬆等，使家成為一個充滿愛與關懷的地方。簡言之，家具商根本不賣家具，而在賣「溫馨與關愛」。

　　角色扮演法亦常運用在推銷員的訓練上，效果良好。

● 方法四

相似類推法

所謂相似類推法，就是拿形體相似的東西來刺激自己產生構想的一種思考方法。

▌取法大自然

運用相似類推法最便捷之策，就是從大自然中找到相似的東西，以此類推，觸發出靈感。有關這一類的例子，多得不勝枚舉：

飛機設計的基礎，靈感來自天空的飛鳥。

蛙鞋的發明，靈感來自青蛙的後腳。

連接山谷間的吊橋，靈感來自蜘蛛所結的網。

工程上嵌板的蜂巢式設計，得自蜜蜂窩的啟示。

釘鞋的發明，得自貓科動物腳掌的啟示。牠們不但奔跑迅速，而且能輕易煞住。人類觀察牠們的腳掌，從腳掌上的爪子得到靈感，設計出釘鞋。

美國人查爾斯·道（Charles H. Dow）多年觀察潮水的

起落與波浪的變化，領悟出一套顛撲不破的「道氏股價理論」。他發現，股價的漲跌好比潮水的起落，怎麼來就怎麼去，而且漲多少就會跌多少；此外，在多頭市場，一波比一波高，而在空頭市場，一波比一波低，它的走勢與波浪一模一樣。

帶刺鐵絲網來自薔薇刺

再說一則取法大自然的精彩故事。

約瑟夫是美國加州鄉下窮人家的孩子，小學畢業後因無力升學，只得替人牧羊賺取微薄工資貼補家用。他雖輟學卻十分好學，常利用牧羊之便，在樹蔭下勤奮讀書。

牧羊柵欄是用若干支柱拉著三條鐵絲所圍成的，約瑟夫的工作很簡單，他只要把羊群看好，不要讓牠們衝破柵欄就行了。可是羊群常趁他讀書時，衝破柵欄損害附近的農作物。每當事件發生時，主人就痛罵他：「混蛋小子！我雇你來看羊，你卻看書，牧羊不需要什麼學問啦！」

約瑟夫嗜書如命，不願放棄讀書，他心想：「難道沒有一個萬全之策，使羊群跑不出柵欄，而我又能安心地讀書。」於是他開始仔細地觀察羊群如何衝破柵欄。

結果他發現一個有趣的現象：小部份以薔薇做圍牆的地方從來沒被破壞過，反而若干拉著粗鐵絲之處經常遭衝破。為什麼呢？因為薔薇有刺，羊的身體一靠上去就會被刺痛。

約瑟夫突然靈光一閃：「假如全部用薔薇做圍牆……」他估算一下在柵欄四周種植薔薇，等它們長大至少要四、五年的時間，他洩氣了。

幾天後，他突然想到：「為什麼不把刺直接裝在四周的鐵絲網上呢？」（這是相似類推法）於是他就把鐵絲剪成五公分長，並將鐵絲的兩端剪成尖刺，再纏在鐵絲柵。羊群只要碰到柵欄立刻被刺痛而紛紛縮回。

約瑟夫利用相似類推法，發明了帶刺鐵絲網，不但解決牧羊的難題，還去申請專利。不久，這種帶刺鐵絲網風行全美國，普遍用在牧場、家庭防盜、戰地防禦網，他因此而成為鉅富。

▋利用別人的構想

除了取法於大自然，利用別人的構想來刺激自己的構想，以產生創意，也是相似類推法。

舉例來說，假設你正在思索某新產品的包裝問題時，可以從其他產品的包裝，如珠寶的包裝、香菸的包裝、錄影機的包裝等等做為刺激的來源，類推到新產品的包裝。

下面介紹利用別人的構想產生創意的實例。

波蜜果菜汁來自 V8

1974 年間，久津公司決定開發罐頭果汁類的新產品。經過市場調查發現，剔除食品罐頭外，市面上罐頭果汁類的產品可分為水果罐頭、果汁罐頭、汽水罐頭三大類，而且每一大類各種品牌的成份大同小異，都無特色可言。

不久，他們無意間發現一個名叫「V8」的蔬菜汁罐頭。該產品頗具特色，深受美國人喜愛，而此類產品在台尚無人生產，於是他們就往罐裝蔬菜汁深入研究。經過試喝研究後發現，國人覺得 V8 太鹹、太腥（生菜汁的腥味），為了去除腥味，又能保持蔬菜汁的特性，可行之道就是把蔬菜與果汁組合起來，生產果蔬綜合飲料。這就是波蜜果菜汁的由來。

久津公司利用 V8 的構想，刺激自己要生產罐頭果汁類產品的構想，產生蔬菜加果汁的靈感，創造出「波蜜」這個暢銷產品。

● 方法五

逆思考法

所謂逆思考法，就是從完全相反的方向思考的一種方法。它又稱顛倒法，就是不按牌理出牌，把問題顛倒過來思考的一種方法。諸如：上下顛倒、裡外顛倒、左右倒置、主客易位，前後顛倒，還有：打亂順序、使事物倒立、反其道而行、事物之反面、事物之負面、正反倒置等等。

縫紉機發明的關鍵，就在不把針孔放在針頭，而把針孔放在針尖，這是逆思考。

席捲日本 30％胸罩市場的華歌爾前扣胸罩，把扣環從傳統的後背移到前胸，這也是逆思考。

重整大王的故事

日本的重整大王坪內壽夫在整頓來島船塢公司時，就利用相似類推沒與逆思考法圓滿地達成任務。

坪內壽夫非常喜愛思考，他眼見福特（Henry Ford）運用生產線使生產力提高了八十三倍，研判生產線構想一定能移植到造船業（這是相似類推法），苦思一段時日，毫無進展。

有一天，他看見太太在做壽司，她把做好的壽司卷放在砧板上，再用刀子將整卷壽司切成若干小份，切好後，再抓緊兩頭放置在盤子上。

坪內壽夫突然靈機一動，造船為何不採取與做壽司相反的步驟，把造船的程序分為許多環狀的單位，待每單位各別完成後，再把它們組成一艘完整的船（這是逆思考法）。就憑他這種創新的製造方法，不但縮短了工期，而且大為降低製造成本，因此製造出全日本最便宜的鋼鐵船。

震旦行的故事

1968 年，震旦行曾運用逆思考，順利地打開電動打卡鐘的公營事業市場。

當時，台北市政府為配合行政院人事行政局所推動的公務人員出勤管理，撥出四萬元預算，公開招標購買兩部電動打卡鐘，以便試辦上下班打卡制度。

那時，參加投標的廠商競爭得非常激烈，而每部電動打卡鐘的市價約一萬七千元左右。震旦行為了得標，運用逆思考——「不賣，用送的」，於是以象徵性一部一元的價格（兩部，共計兩元）參加投標，結果當然由震旦行得標。

次日，台北市各大報對此事都大篇幅報導，其中還包括高玉樹市長贈旗感謝的消息，就宣傳價值而言，這些報導的效果遠超過兩部打卡鐘的三萬四千元。

不僅如此,後來因為試用滿意,台北市政府陸續向震旦行購買七十幾部打卡鐘。從此,震旦行銷售的打卡鐘順利地打入公營事業的市場,市場佔有率高達97％,這都是逆思考的功勞。

雇用小偷來防偷

日本某百貨公司,為了杜絕偷竊,採用「顧用小偷來防止偷竊」的點子,更是逆思考下的傑作。

該百貨公司生意興隆,但因偷竊事件層出不窮,公司非但不堪其擾,也造成很大的損失。於是該公司董事長召集全體員工開會,共思對策。大家提出來的,都是「增派警衛人員」或是「加裝閉路電視」等老意見。

董事長知道那些老意見不會有什麼效果,只好向管理顧問師求救。顧問師瞭解問題癥結後,對董事長說:「你就僱用小偷來防止偷竊。」

顧問師的建議如下:

· 雇用小偷到公司來偷東西,所偷物品交給董事長;當然被捉到的話,不會送警察局,直接送董事長辦公室。藉小偷的偷竊來訓練員工的警覺性。

‧向全體員工宣布，已有小偷集團以本公司為目標，請
　大家提高警覺。雇用小偷來偷的事，除董事長之外，
　沒人知道。

　　剛開始，小偷很猖狂，商品屢次被偷；不過員工的警覺
性日日增強。三個月後，小偷就再也偷不到任何東西了。

● 方法六

化繁為簡法

　　化繁為簡法又稱為切割法，就是把繁雜的問題切割成若干小問題的一種思考方法。當你遭遇複雜難解的問題時，若能抽絲剝繭，把問題切割開，從幾個分割部份考慮的話，比較能找到解決的方案。

　　先問你一個最基本的幾何問題，六角形的內角和共多少度？三角形的內角和為 180 度，這個大家都知道，不過六角形的內角和是多少，你可能不知道，其實，只要劃三條補助線，把六角形切割成四個三角形，那麼你就能輕易的算出六角形的內角和為 720 度（180×4，參看附圖一）。

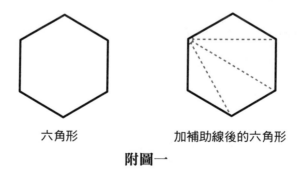

六角形　　　　　　　加補助線後的六角形

附圖一

　　這個幾何問題給我們重大的啟示：一個看來複雜難解的問題，只要把它切割成若干小問題，一切就迎刃而解了。

　　舊產品的切割常能產生創意。雞販鑑於有人只吃雞腿，有人只吃雞胸，還有人只吃內臟，於是他把雞腿、雞胸與內臟切割後，分開來賣。這是經由「切割」的概念，所產生的賣點。平板電腦的問世，也不過就是把電腦大部分功能「切割」掉，僅留下上網的一種新產品罷了。

商務旅館

　　旅日理財專家邱永漢，於 1964 年在東京首創的商務旅館（Business Hotel），它以樸實、自助、價廉等特點，有別於大飯店的豪華、服務、昂貴，因此一推出之後，即大受出差者的歡迎。此一傑出賣點，亦源自切割概念。

　　當時因為很多日本企業的總公司遷到東京，所以造成許多上班族出差的機會。可是，一般大飯店的食宿費每日需六千圓日幣，而一般出差員工每日食宿費只有三千圓日幣。換言之，出差的員工不足部分必須自掏腰包。

　　邱永漢針對三千圓日幣的出差市場，創立商務旅館，他把大飯店的餐廳、酒吧、禮堂以及一切華而不實的休閒設施全部切割（標準的切割多餘元素），房間力求精簡，一切服務自助（省去服務生開銷），收費低廉。此一具備平實、安靜、實用、價廉的商務旅館，立刻成為上班出差族的最愛。

液體蛋與低脂奶粉也都是切割概念下的出色產品。

液體蛋

所謂液體蛋,就是用自動化的機器把鮮蛋去殼之後,再分離蛋白與蛋黃(切割的概念),然後將它們分別冷凍之後裝罐的產品。

液體蛋在 1980 年初,才從國外引進。因為糕餅業者在製造各種麵包與蛋糕時,必須單獨使用蛋黃或蛋白,所以成為液體蛋的主要客戶。

以往糕餅業是自己分蛋黃與蛋白,既費時又費工,而且用人工分離時,蛋殼屑常跑進糕餅之中,嚴重影響產品的品質。

如今,一蛋三分之後,蛋殼可做肥料與飼料,蛋白是製造蛋糕與布丁的必需品,而蛋黃則可製造麵條與蛋黃醬。此外,蛋商在淡季時,把賣不完的鮮蛋加工後,製成液體蛋儲存起來,亦可調節鮮蛋淡旺季產銷失衡的問題,真是好處多多。

低脂奶粉

低脂奶粉,也是把奶粉中的脂肪分離之後(切割的概念),所產生的新產品。

低脂奶粉就是脫脂奶粉。奶粉都是將鮮奶脫水之後製成

的。傳統的全脂奶粉在脫水過程中，並沒一併脫脂，因而脂肪含量高，這使得怕胖的人，視喝牛奶為畏途。

現代人由於吃得多，動得少，因此肥胖變成非常普遍的文明病，低脂奶粉大幅降低奶粉中的奶脂肪，從原來全脂奶粉每一百公克含二十八公克脂肪，降到每一百公克只含一公克奶脂肪。

因此，低脂奶粉上市後，立刻廣受「懼胖族」的歡迎。

我經常使用切割法來解決寫作上的難題。舉例來說，為了解讀全篇既深奧難懂又無標點的經典古書《人物志》，我就想到切割問題，將該書從章切成節、割成段、分成句、截成詞、斷成字。然後從每一個字反覆思索與推敲，把字確實弄懂之後再往前推，字→詞→句→段→節→章，如此一來，一本淺顯易懂的《識人學》總算大功告成。

● 方法七

改變觀點法

所謂改變觀點法，就是用新鮮或不同的觀點去看一些早已習以為常的事物。

▎一米一的新視野

先說一則故事。

日本名教授多湖輝曾為 NHK 製作一部名叫《一米一之視野》的影片，內容報導小學一年級學生的就學與一般生活狀況。

因為小學一年級學生的眼睛高度，平均在一米一左右，所以影片的名字就叫《一米一之視野》，而且攝影機在拍攝上下學、街景、學校、居家生活等鏡頭時，全部定在一米一的高度。

結果發現：小學生因為個子矮，走在街上買不到熱狗；想打電話，也因搆不到投幣孔拿不到話筒而放棄；放學回家，有些家住高樓大廈的人，因按不到電梯按鍵，只好走

樓梯。

　　節目播出後，引起熱烈的回響。以往各販賣架、公用電話、電梯按鍵等，只從大人的角度，從沒考慮小孩的立場。此後日本興建公共設施時，乃逐漸考慮到小孩與殘障方便與否的問題。

　　《一米一之視野》給我們很好的啟示：用不同的觀點去看這個習以為常的社會，會發現一些弊端，也會看到許多新鮮的事物。其實世界沒變，改變的只是你的觀點罷了。

　　用新觀點去看一些老事物，雖然僅僅改變認知，卻常能激發出若干寶貴的創意。就像一個新進的員工，因為他用新鮮的觀點去看該企業的事物，所以能夠立刻察覺該企業不合理之處。同理，一個剛踏入社會的青年，也能夠馬上發覺社會上種種矛盾、不公平之處。

超弱黏膠新用途

　　舉個實例來說明，美國 3M 公司於 1978 年推出的自黏性便條紙，就是一個運用改變觀點法之下，所產生的暢銷產品。

　　自黏性便條紙是由 3M 公司的研究員史爾華（Spencer

Silver）所發明的。他在 1964 年參加一項研究計畫，該計畫主要在研究出黏度超強的黏膠。結果史爾華適得其反，竟然研究出一種黏度超弱的黏膠。

由於它的「內聚性」較強，而「附著性」較弱，因此能將兩種物體黏起來，但黏不緊。因為該公司一向追求黏性更強的黏膠，所以它絲毫不受重視，大家都說：「這種不黏的黏膠沒什麼用的！」

史爾華獨排眾議，他逢人就說：「這種黏不緊的黏膠一定有其用處。是否有不需永久黏著，只需黏一陣子的東西呢？是否能用它開發出新產品，滿足人們愛黏多久就黏多久，想撕掉又可隨時撕掉的慾望呢？」（這是改變觀點法）

1974 年，史爾華的同事亞瑟·佛萊（Arthur Fry）利用此種超弱黏膠，開發出自黏性書籤與自黏性便條紙，於 1978 年上市，結果大受歡迎，席捲整個美國市場。

▌吹風機的用法

吹風機，自然是用來吹整頭髮的。有一次，一位聰明的主婦拿吹風機當捕蟑螂器（這是改變觀點法），用吹風機的熱風把躲進角落的蟑螂逼出來，然後用殺蟲劑消滅牠們。也

有主婦用吹風機來吹乾小孩尿濕的床（這也是改變觀點法），據說這就是烘衣機產生的由來。

名企劃人詹宏志說：「觀念就是力量，僅僅認知上的改變，就是力量無窮的創意。創意不一定改變了東西，有時候只是改變了自己，改變了想法。」

他這一段話，正好給改變觀點法做一個最佳的詮釋。

● 方法八

聯想法

聯想是人類的特殊稟賦（另外還有幻想與夢想），它是經由事物之關聯、比較、連接以及因果關係，從某一事物出發，去推想另一事物。因為它可在已知的領域內建立關聯，亦可從已知的領域奔向未知的領域，故能激發創意，增強企劃力。

聯想法可區分為相似聯想（相似類推法）、對立聯想（逆思考法）、連接聯想、因果聯想、自由聯想等五種。看到老虎，聯想到貓，那是相似聯想；看到侏儒，聯想到巨人，那是對立聯想；看到床鋪，聯想到棉被，那是連接聯想；看到難民，聯想到饑荒，那是因果聯想；至於自由聯想，那是一種不受拘束與限制的聯想，通常它會是相似、對立、連接、因果等各種聯想的組合。

一般人因為受到僵化的教育方式與傳統權威制度的影響，連接聯想力非常有限，聽到桌子，就只能想到椅子，聽到茶壺，只能想到茶杯。所幸，我們在民謠中，經常發現豐富的連接聯想力。

民謠聯想

舉台灣民謠「火金姑」為例。

火金姑①，來食茶，茶燒燒②食芎蕉③。芎蕉冷冷，食龍眼。

龍眼要剝殼，來吃菝④。

菝仔全全籽，害阮食一下，落嘴齒⑤，落嘴齒。

〔**註解**〕①火金姑就是螢火蟲。②茶熱熱的。③芎蕉就是香就是番石榴。⑤落嘴齒就是掉牙齒的意思。

短短四十五個字，從螢火蟲→茶→香蕉→龍眼→番石榴→牙齒，其間段落還得押韻，令人不得不佩服其文采與豐富聯想力。

圖像思考

因為聯想乃是想像力與記憶力的連接，所以要培養你的聯想力，不但要訓練自己用語言思考，更要訓練自己用圖像思考。

舉例來說，你到辦公室上班。如果你用語言思考的話，「早上起床，洗臉、刷牙，用過早餐，搭上公車，就到公司上班了。」

如果你用圖像思考的話，「早上七點被窗外的小鳥叫醒，到陽台撿起早報，點了一根菸，進了廁所，一邊讀報，一邊上大號。洗臉時我發現毛巾破了一個洞，牙膏也快用完了。脫下睡衣換上昨天新買的襯衫，早餐吃了兩碗稀飯、兩

個又香又嫩的荷包蛋。與太太道別，在門口碰見同事老李，一起走到公車站，剛好公車來了，在公車上兩人聊起股票的事，突然有一老太婆上來，我趕緊讓座。後來人愈來愈多，一個冒失鬼把我的皮鞋踩髒，我望了他一眼，他才道歉。下車後，在公司門口又遇見同事老張，三人道早、問好，走進了公司。」

你會發現，語言思考非常簡潔、快速，當你想到上班，立刻就到了；而圖像思考則浮現出許多被你忽略的細節，那些瑣瑣碎碎的細節都是創意的素材。

你還可以運用圖像思考解決難題。

舉例來說，假如有人考你：「限你在十分鐘之內，列舉你所想到有關圓形之物。」你知道圓形之物甚多，可是一時之間要列舉出來，又茫然無頭緒，這時必須用圖像思考去聯想。

清晨被鬧鐘叫醒了，啊！鬧鐘是圓的；起床脫掉睡衣，看見睡衣的鈕扣，鈕扣是圓的；打開窗戶，看見小朋友騎車經過，哦！車輪是圓的；走進浴室刷牙，對了！鏡子與漱口杯都是圓的；在桌上用早餐，桌子是圓的，茶杯是圓的，茶墊也是圓的；走出門口，看見一隻小鳥，鳥的眼球也是圓的……。

運用圖像思考去聯想，就可發現許多的圓形物。

●方法九

焦點法

　　焦點法是一種運用聯想來思考的方法。由於它聯想思考的過程，好比照相時必須對準鏡頭的焦點一樣，所以稱之為焦點法。

　　舉例來說，假設我們要開發「椅子」的新產品，聯想思考的過程如下：

　　一、首先必須找一個與椅子毫無關係的東西來思考，假設這個東西是「皮球」。

　　二、接著，你一邊分析皮球的性質，一邊根據皮球的性質擴大聯想：

* 皮球是皮做的，能不能用皮來做椅子呢？那就是沙發椅啊！
* 皮球是圓形的，能不能做出圓形椅呢？
* 用手拍皮球，皮球會彈來彈去，能不能做出會走動的椅子呢？那就是輪椅啊！

　　三、接著，皮球→球→球根→花。想到花，你又一邊分析花的性質，一邊根據花的性質擴大聯想：

· 花能散發出香味，能不能做出能散發各種不同香味的椅子呢？

· 花有紅、黃、藍、白等各種不同的顏色，能不能做出彩色椅，或是能不能做出隨時變更顏色的椅子呢？

· 花開、花謝，那是隨季節而變化，能不能做出冬暖夏涼的椅子呢？

　　四、從「皮球」與「花」聯想到的一切事物，都可以和椅子的開發設計扯上關係。其間聯想思考的過程，就像照相時必須對準鏡頭的焦點（此時的焦點是「椅子」）般，所以叫做焦點法。

　　當然，「皮球」、「花」都是聯想的媒介罷了，你可以拿其他許多與椅子完全無關的東西來做媒介，例如：收音機、風扇、相簿、鉛筆等等。

　　媒介就是聯想的基礎，有了基礎，思考才不會漫無目標，雜亂無章。而且，有了媒介，將使你的聯想更豐富，更容易獲得創意。

● 方法十

觸類旁通法

所謂觸類旁通法，就是拿他物來刺激自己，以便從中獲得啟迪的一種思考方法。此處所指的他物，可能是無意間看見的自然景觀，可能是別人無意中的一句話，也可能是書本上的某一段文章。

▌聽診器的誕生

大家都知道，聽診器是醫生聽診用的醫療器材，可是許多人不知道，聽診器是經由觸類旁通法發明出來的。

在 1819 年以前，醫生在看病時，必須把耳朵貼在病患的胸脯上，以聽取心臟和肺臟發出的聲音來研判病情，非常的麻煩。

1814 年的某一天，雷內克醫生出診回來經公園時，看見一群小孩在蹺蹺板上玩一種奇妙的遊戲。只見一個女孩將耳朵貼在蹺蹺板的一端，而一個男孩則在另一端用石頭輕敲，那個女孩忽然高興得拍手大叫。原來她清晰地聽到男孩

傳過來的敲擊聲。

雷內克靈機一動，內心想著：「假如把此種原理應用在聽診上，一定能夠聽見病人體內的聲音。」

經過五年的研究，他終於在 1819 年發明一種鑽孔的木質圓筒，可將患者體內的聲音傳到醫生的耳朵。目前醫生所用的橡皮管雙耳聽診器，就是由木質圓筒逐漸改良而成的。

▎刺果黏出的靈感

再舉個實例。

1948 年的某一天，瑞士的發明家喬治·德梅斯特爾（George de Mestral）帶著獵狗上山去打獵。當他拚命追趕野兔時，無意中跑進茂密的野牛蒡之中。當他從草叢中走出來時，發現獵狗身上與他的呢毛褲上都黏滿牛蒡的刺果。

要是一般人，只要把刺果拍掉也就算了，可是德梅斯特爾觸類旁通，他非常好奇為何刺果會黏得那麼牢。於是，他用顯微鏡仔細觀察，結果發現刺果上無數的小鉤子鉤住狗毛與呢毛。

他突然靈機一動，假如用刺果當扣子的話，一定棒極了。據此，發明了「魔鬼黏」維爾克羅（Velcro），那是一

種輕巧而不生鏽，簡便而可以刷洗的尼龍扣。它的用途廣泛，包括：嬰兒的尿布、血壓器的札帶、椅套、窗簾、錶帶、衣服以及太空人的特製鞋（使他們的鞋子能附在地板上）。

▌血液循環與田熊鍋爐

　　馳名世界的田熊鍋爐，也是日本人田熊常吉運用觸類旁通法開發出來的傑出產品。

　　田熊常吉是個木材商人，沒唸多少書，然而天生喜歡研究發明。他為了提高傳統鍋爐的效率，雖然絞盡腦汁，工作卻毫無進展。

　　有一天，他翻閱小學自然課本中的「血液循環圖」，驀然想到要觸類旁通一番。於是他用筆先畫一個鍋爐結構的模型圖，接著再畫一張大小相同的人體血液循環圖，然後將兩張圖重疊在一起，假設那就是他所要的新鍋爐。

　　田熊在回憶發明田熊鍋爐的經過時，有感而發地說：「當我潛心研究時，日夜苦思鍋爐的問題，甚至到了廢寢忘食的地步。因為無法突破，導致白天坐立難安，夜晚徹夜難眠。一直到有一天，我突然想通了，鍋爐是活的東西，而我

以前一直往加熱的方向去鑽，當然毫無所成。於是我把活生生的血液循環圖運用在鍋爐結構上，終獲突破。」

　　他很快就發現，動脈相當於降水管，靜脈相當於水管群，毛細管相當於水包，心臟則相當於氣包，而瓣膜相當於集水器。田熊運用觸類旁通法，將血液循環的原理運用在鍋爐結構的互相關係上，結果發明了一種提高一成熱效的新鍋爐，不僅榮獲日本天皇頒給「恩賜獎」，而且為企業帶來龐大的利潤。

● 方法十一

多面向思考法

　　所謂多面向思考法，顧名思義，就是面對某一問題時，從許多不同的角度去思考以激發創意的一種方法。

▌ 拋開思路的重重束縛

　　先來一個有趣的智力測驗：請你用六根牙籤排成四個等邊三角形。大多數人在排了半天之後，不是說「六根牙籤只能排成兩個等邊三角形」，就是說「這個問題無解」。

　　為什麼大多數的人想不出答案呢？因為他們的思路受到平面的束縛，所以六根牙籤只能排出兩個等邊三角形。如果能從多面向去思考，拋開平面的限制，然後從立體的角度去思考，把六根牙籤搭成一個三角錐形，那麼四個等邊三角形即能輕易排出。（參考附圖二）

・六根牙籤如何排成四個等邊三角形？

・從立體的角度去思考，把六根牙籤搭成一個三角錐形。

‧六根牙籤如何排成四個等邊三角形？

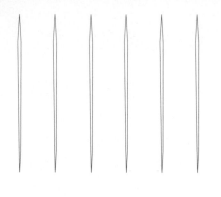

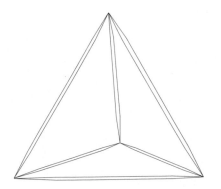

‧從立體的角度去思考，把六根牙籤搭成一個三角錐形。

附圖二

　　這個有趣的智力測驗給我們很好的啟示：當我們面對問題時，若從一個或兩個角度去思考得不到答案，不妨試著從

許多不同的角度思考，答案很可能從中浮現出來。

▌一舉數得

　　舉一個實例來說明。

　　十一世紀初，北宋真宗即位期間，皇宮汴京失火，供奉玉皇大帝的昭應宮付諸一炬。真宗下令最能幹的大臣丁謂負責重建的工作，並限定十年之內須完工。

　　丁謂接下這個艱鉅的任務之後，仔細推算一番，包括：清理被燒毀的廢墟、取土燒製成磚、運送其他的建築材料，再加上設計與施工，大約需要二十五年才能完成，如今皇上限定在十年之內完工，完成不了可要殺頭，怎麼辦呢？

　　丁謂從各種不同的角度去思考，終於讓他想出一個良策：他把皇宮前的大街挖成河，利用挖出的泥土燒成磚，節省了從遠地取土製磚的時間；他再將皇宮附近的汴水引入新開的河，於是載運建材的大船可直達宮前，節省了運輸時間；新宮築成後，再用廢墟上的破磚碎瓦填平所開的河，不但節省清除的時間，而且使大街迅速恢復舊觀。結果，原本須二十五年的工程，只花七年就完工了。

　　這是運用多面向思考解決難題的實例。

● 方法十二

列舉法

　　列舉法也是一種運用聯想來思考的方法。由於它聯想思考的過程，是先列舉出產品的屬性或類別之後，再加以改變或組合，所以稱之為列舉法。

　　列舉法可區分為屬性列舉法與類別列舉法兩種。

▊ 屬性列舉法

　　在開發新產品或改良舊產品時，經常使用屬性列舉法。它的方法很簡單，只要把舊產品的屬性一一列在表上，然後逐一思考改變的方向即可。

　　就拿電話機為實例來說明，步驟如下：

　　→1. 首先列舉出電話機的屬性，包括顏色、鈴聲、形狀、材料、撥號盤、聽筒等。

　　→2. 然後就每一項目，逐一思考改變的方向。

　　‧顏色：傳統的黑色可改變成什麼顏色？紅色？藍色？黃

色？白色？還是多種顏色？甚至，可不可以是透明的？

- 鈴聲：傳統的電話鈴聲可改變成什麼聲音？鳥叫聲？狗叫聲？還是來一段交響樂？

- 形狀：傳統的形狀可改變成什麼形狀？圓柱形？長方形？三角形？還是可改變為各種可愛小動物？

- 材料：傳統的塑膠可改變成什麼材料？木材？玻璃？陶瓷？還是其他金屬？

- 撥號盤：傳統用撥的號盤可改變成什麼方式？用按的（那是按鍵式電話創意之鑰）？不用拿在耳邊即可通話？

類別列舉法

在開發新產品時，最常使用類別列舉法。它的方法也很簡單，先把要開發新產品的類別產品一一列舉出來，然後從個別產品的組合得到靈感。

舉例來說，假設要開發文具用品的新產品，步驟如下：

→1. 把與文具用品有關的產品統統列舉出來，如：尺、美工刀、膠水、膠帶、剪刀、釘書機、釘書針、迴紋針、大頭針、原子筆、修正液、橡皮擦、鉛筆、鉛筆盒、鋼筆、螢

光筆、拆信刀、毛筆、水彩筆、卷尺、信紙、信封、筆記簿、資料夾、蠟筆、畫圖紙、包裝紙、圓規、日記、生日卡、賀年卡、結婚卡、母親卡、地圖、萬用手冊、墨汁……。

　　→2. 然後把其中兩種或多種組合起來，從中得到靈感。

　　一位年僅二十四歲的日本小姐玉村浩美，曾經運用類別列舉法，創造出 1985 年全日本最暢銷的產品——「迷你文具組合」。

　　她在文具用品中選擇尺、美工刀、膠水、膠帶、剪刀、卷尺、釘書機這七種產品，把它們組合起來，裝在一個大小就像大型菸盒的盒子裡（長 12 公分、寬 8.5 公分、高 3.5 公分）。

　　因為要在小小的空間內擺進七種文具，當然要把那七種文具縮小，尺只有十公分長，美工刀、膠帶與釘書機只有原來的三分之一，膠水很像眼藥水瓶，而剪刀與卷尺也只有原來的一半。

　　「迷你文具組合」推出後，一年之內賣出三百萬套，一共賺了五十四億日圓。

● 方法十三

水平思考法

　　水平思考法是由英國劍橋大學狄波諾博士（Edward de Bono）於 1968 年提倡的一種嶄新思考方法。

　　水平思考（Lateral Thinking）是相對於垂直思考（Vertical Thinking）而言的。所謂垂直思考，是一種合乎邏輯，前後有因果關係的傳統思考方法。它在同一個洞一步一步循序往下深挖；而水平思考，它既不合邏輯，前後也沒有因果關係，採取跳躍式的思考，當他挖洞遭到石頭阻礙時，立刻放棄，然後在旁邊另挖一個新洞，它甚至可以從果去思考因的問題。

　　舉一個實例來說明。

　　美國有一家百貨公司，開幕之後生意出乎意料的好。原先裝置的兩部電梯根本不夠用，顧客經常為了在狹窄入口處等候電梯而焦躁不安，怨聲載道。

　　公司為了解決此一難題，召集幹部會議，請大家提出意見，有人建議另裝一部電梯（須破壞原有之建築，不可行），有人建議增加電梯的速度（電梯的速度已經夠快了，不可能加速），這些方案都求之於垂直思考，討論很久仍想

不出解決之道。

後來有一名職員運用水平思考，放棄從電梯處思考，建議在一樓電梯附近的牆壁都裝上大鏡子，公司採納此項建議，結果四周的鏡子不但使顧客感覺狹窄的入口處寬敞多了，而且許多顧客利用等候電梯的時刻整肅儀容。顧客的焦躁感因為幾面大鏡子，竟然輕易地消失了（你當然可以有別的解決方案）。

減肥妙方

再舉一個例子。

減肥，一直是現代人的熱門話題。若從合乎邏輯的垂直思考去想，胖子要減肥只有八字訣：增加運動，減少食量。根據專家統計得知，一個人只要食量不變，每天快走（最簡便的運動）一小時，每個月可減一點五公斤的體重，一年下來，可減少十六公斤。還有，控制飲食，不再大吃大喝，盡量減少食量，當然也可減肥。然而運動需要恆心，節食需要挨餓，這對一般人來說，都不易做到。因此，眾多實行減肥的人，成功者總是寥寥無幾。

1971 年，美國有位名叫羅勃·愛金斯（Robert C. Atkins）的胖醫生，運用水平思考發現一種既不用運動也不必挨餓的減肥法，轟動全美國。

愛金斯發現，胖子要減肥，不用吃減肥藥，也不必理會

卡路里，只須從食物中完全刪除全部的碳水化合物（米飯、麵包、糕餅、糖果、冰淇淋、蘋果、香蕉、橘子、葡萄、蜂蜜等），他自己用這套方法，在六個星期內減少了二十八磅。

一天還是一年？

還有一個有趣的例子。

有一名剛出道的年輕畫家去拜訪一位成名的老畫家。後輩向前輩請教說：「我百思不得其解，為什麼畫一幅畫只需一天的時間，而賣掉它卻要花上一整年呢？」

老畫家答道：「年輕人，你想很迅速賣掉你的畫嗎？不妨因果顛倒，花一年的時間畫一幅畫，而賣畫僅用一天的時間。」

一席話使年輕人開悟，他後來也成為名畫家。

老畫家的建議，就是從果去思考因的水平思考。

● 方法十四

重新下定義法

　　所謂重新下定義法，是指針對原本難解的問題，或是改變其題目，或是針對不同角度加以詮釋，重新給老問題下新定義之後，找出解決方案的一種方法。

▌隔離媽媽或隔離孩子

　　先舉一個有趣的實例。

　　有一個勤快的媽媽想安靜地織一件毛衣，可是身旁剛學會走路的兒子，調皮地把毛線扯得亂七八糟。媽媽生氣地把孩子放在嬰兒床內，以為如此一來就可天下太平，沒想到兒子在嬰兒床內大叫大鬧。

　　媽媽想盡一切的方法，仍舊無法讓兒子安靜地待在嬰兒車裡，她苦惱極了。

　　後來，媽媽靈機一動，對自己的難題重新下定義，她心想：「何必一味地鑽牛角尖，想辦法把兒子安靜地擺在嬰兒床內呢！」於是，她馬上改變問題，將「兒子安靜地放在嬰

兒床內」改變為「設法把兒子與毛線隔離」。

想通這一點之後，媽媽立刻把兒子移到嬰兒床外，讓他留在床外玩耍，而把自己關進嬰兒床內（嬰兒床面積足夠容納一個大人）。

這麼一來，問題解決了。母子各得其所，兒子玩得很痛快，母親也能安靜地織毛衣（同時還可用餘光注意到兒子的動態）。

▌捕捉老鼠與除掉老鼠

再舉一個實例來說明。

多年前，我租屋居住在吳興街的一棟老舊的公寓裡。該公寓依山傍水，景觀優美，不僅陽光充足，空氣清新，而且社區乾淨，四周安靜。唯一美中不足的，因為房齡已達二十載，所以常遭受老鼠的騷擾。

第一次發現小老鼠在客廳牆角急竄而過，我絲毫不在意，還笑著對老婆說：「這隻錢鼠一定是給我們家帶財來的。」

等到發現有好幾隻老鼠在天花板上開運動會之後，我才警覺事態嚴重，趕緊到五金行買一個傳統型鐵絲製成的捕鼠

器,希望能將這一窩老鼠一網打盡。

　　當天晚上,請老婆炸了一塊香噴噴的排骨,掛在捕鼠器的鉤上當餌。事情的發展憂喜參半,喜的是當晚就捕捉到一隻老鼠,憂的是其他的老鼠再也不靠近捕捉器。

　　我聽從友人的建議,把捕鼠器泡水、火燒、上色,甚至用紙板覆蓋在四周(改變其形狀),然而老鼠不上鉤,一切的努力皆無效。老鼠愈來愈猖獗,流竄到我的臥房裡,有一晚甚至趁我熟睡時咬我的腳指頭。

　　情況逐漸惡化,我知道假如不捉住這些老鼠,臥室很快就會變成老鼠窩。於是我立刻想到用「重新下定義」來解決問題,原來的老鼠問題是「如何用捕鼠器捉住幾隻老鼠」,如今我改變題目,新的定義變成「如何除掉那幾隻老鼠」。

　　重新下定義之後,豁然開朗,思路跳出捕鼠器的框框,想出許多可能的解決之道。最後我使用無色無臭的毒藥水滲在香排骨之中,老鼠吃了之後一一爬到亮光之處喝水斃命(此種藥水吃了之後會口渴,而且渴望見光),擾人的鼠患終於一舉掃除。

▌趕走貓與讓貓不來

還有一個實例。

事情同樣發生在那棟老公寓裡。鼠患之後半年,發生了貓患。

有一天,突然從後陽台傳來一股惡臭,薰得人欲嘔吐。我趕緊前去查看,原來是一隻黑色大貓盤踞在後陽台的角落,在那裡大小便。

我連忙用掃把趕走牠,並用肥皂水把角落沖刷乾淨,直到惡臭消失為止。我以為問題解決了,不料第二天牠又來了,照樣又大小便,奇臭難聞。我馬上又趕走牠,再度刷洗。第三天,牠又來了……。

如此周而復始,連續一星期,搞得我煩躁不已。突然我靈光一閃,想到用「重新下定義」來解決問題,原來的老問題是「如何把黑貓從後陽台趕走」,如今我改變題目,新的定義變成「如何使黑貓不待在後陽台」。

重新下定義之後,我根本不再用掃把趕牠(這樣牠還會再來,問題沒解決),只在後陽台牠棲身之處灑下二十粒正

露丸（一種止瀉的藥丸，味道很重），從那之後，黑貓就不再出現了。原來動物都會用糞便來宣示自己的領域，味道強烈的正露丸讓黑貓以為有一種比牠更凶猛的動物盤踞該領域，故不敢再來。

● 格式十五

化缺點為特點法

顧名思義，所謂化缺點為特點法，並非設法把缺點減到最低的限度，而是充份利用此一缺點，化腐朽為神奇，順利解決問題的一種方法。

台灣目前的影視圈內，除了俊男之外，醜男也能走紅，他們常說的「我很醜可是我很溫柔」，就是化缺點為特點。

▌斑痕蘋果

美國的斑痕蘋果，是化缺點為特點的典型例子。

詹姆斯・楊（James Young）是位在美國新墨西哥州山上種植蘋果的果農。他每年都用郵購的方式，把一箱箱的蘋果寄給各地的顧客。因為他對自己蘋果的品質很有信心，所以大膽採取不滿意包退的銷售方式。換言之，假如顧客對所收到的蘋果不滿意，可以退貨並立刻退錢。

多年來，他的生意一直很好。不料有一年冬天，新墨西哥山上下了一場罕見的大冰雹，蘋果由於受到冰雹的襲擊，

個個出現斑痕。面對整園受損的蘋果，詹姆斯悲痛欲絕。

詹姆斯內心盤算著：「怎麼辦呢？到底要冒被顧客退貨的危險，還是乾脆退還所有的訂金呢？」

他越想越懊惱，愈想愈傷心，於是順手摘下一個蘋果狠狠地咬一口。這時，他突然發現受損的蘋果雖然外表難看，卻比平時更香、更甜、更脆。他自言自語道：「多可惜啊！好吃卻不好看，有何補救之道呢？」

詹姆斯搜索枯腸，苦思數日，終於想出妙點子。他照樣把受損的蘋果裝箱寄給顧客，不過在箱裡都附了一張紙條，上面寫著：「這次寄上的蘋果，表皮雖然有些斑痕，請勿擔心，那是高山冰雹襲擊所留下的痕跡。只有寒冷的高山才能生產出香脆可口的蘋果，這些斑痕證明了它們生長在寒冷的高山上，非但不影響其品質，反而有一種獨特的風味。」

顧客收到貨之後，不但沒人退貨，還有人要追加。

這位化缺點為特點來解決困難的果農，後來轉向廣告業，成為揚名全美的廣告大師。

▌監獄旅社

美國企業家葛樂西也是「化缺點為特點」的高手。

　　美國羅德島新港市的監獄，蓋於 1723 年，因年久失修不堪使用而荒廢多年，新港市政府一直撥不出經費處理這座監獄，幾任市長都很頭痛，不知如何是好。

　　1990 年，企業家葛樂西運用「化缺點為特點」的概念，以三十萬美元向市政府買下監獄之後，又花了四十五萬美元整修完畢，再以「監獄旅社」（Jail House Inn）對外公開營業。

　　葛樂西化監獄為旅社。這家監獄旅社每天收費八十五美元，具備有下列的特點：

　　→1. 每個房間都陰森森、冷冰冰的，既無電視，也沒有收音機。

　　→2. 住進旅社的旅客，都必須換穿有橫條的囚衣。

　　→3. 三餐採自助方式，所有餐具都是監獄專用的鋁製品。

　　→4. 旅社的管理員打扮成獄卒，二十四小時在門外看守。不到住宿期滿，不得提前退房離去。

　　因為監獄的牆壁有四十五公分厚，隔音特佳，許多想體驗牢獄生活的新婚夫妻還趨之若鶩呢！

● 方法十六

潛意識思考法

所謂潛意識思考法，就是利用人類的潛意識思考來孕育構想、解決問題的一種方法。

利用潛意識的思考來解決問題，最著名的例子，莫過於發生在西元前第三世紀希臘國王的純金皇冠故事。

▌阿基米得的答案

希臘國王命令金匠製造一項純金皇冠。皇冠做好之後，由於國王懷疑金匠在皇冠中摻了銀，因此要求物理學家阿基米得（Archimedes）設法查出真相。

阿基米得為了皇冠的問題，絞盡腦汁，百思不得其解。有一天，他去公共澡堂洗澡，當他脫光衣服泡入浴缸中時，滿滿的浴缸內的水自然溢了一些出來。就在那一瞬間，他找到解決皇冠是否摻銀的答案。

原來要測定皇冠是否摻銀，只要把皇冠丟入滿滿的盆水中，再測量皇冠所排出的水，是否與等量黃金所排出的水一

樣多，即可知道。若排出的水一樣多，就表示純金；若不一
樣多，就表示摻了銀。

阿基米得欣喜萬分，一時得意忘形，竟裸體跑出澡堂，
一邊跑回家，一邊叫道：「我找到了！我找到了！」

靈光乍現時

請注意，阿基米得的答案絕非僥倖得來，他若是沒經過
絞盡腦汁、苦心思索的階段，就絕不可能在看到浴缸的水溢
出之時，悟出道理來。換言之，必須先苦心研究之後，潛意
識才會發揮它神奇的力量，最後在休憩、散步或洗澡時，突
然靈光乍現，找出問題的答案。

大家都知道瓦特（James Watt）發明了蒸汽機，可是很
少人知道瓦特在發明蒸氣機之前，曾苦心研究毫無所成，一
直到了兩年後的一個下午，在散步時才突然悟出答案。

美國人麥考密克（Cyrus McCormick）努力研製自動割
草機，苦思多年而不解，有一天在理髮廳理髮時，看到理髮
師用推子剪髮的動作，立刻想到解答。

筆者研究王永慶三十年，雖然陸續寫了幾本有關王永慶
的書籍，但總覺得沒能領悟其全盤的經營理念，一直到了

2010 年 1 月參加了長庚大學管理學院舉辦的「台塑管理實務講座」之後，立刻頓悟，終於完成集大成作品：《王永慶經營理念研究》。

所有從事有關創造力工作的人，一定都有「我知道了！」或「我找到了！」的經驗。請回憶一下，在你知道或找到之前，是否都經歷一段搜索枯腸的階段呢！那是你運用潛意識幫你尋找答案必需的前奏曲。

▌水面下的冰山

人類的心理分為意識與潛意識。意識就像浮在水面的冰山，雖可觀察、理解，但僅代表整個心理的一小部份罷了。潛意識好比水面下的冰山，雖不可觀察、理解，但支撐著水面上的冰山，不但是心理的一大部份，而且持續不斷地思考問題並解決問題。

領導者常用的直覺式思考，就是結合了意識與潛意識的思考能力。潛意識可孕育出構想，是人類一項寶貴的資源，然而常被一般人忽視了，只有傑出的藝術家、企劃人、發明家不僅相信它的存在，而且經常利用潛意識來創造、發明。

　　此外，潛意識所找到的答案，有時是一個完整的構想，有時卻是不完整或不正確的概念。對於不完整與不正確的概念，企劃人必須根據知識與經驗加以琢磨與修飾，才能變成可用的點子。

腦力激盪法

所謂腦力激盪法（Brainstorming），就是在會議中運用集思廣益的方法，以蒐集眾人構想的一種思考活動。由於在會議時，刺激每一個人動腦，對問題做創造性思考，促使激盪澎湃，有如暴風雨來襲，故稱之為「腦力激盪」。

奧斯朋三階段

腦力激盪法是奧斯朋（Alex F. Osborn）在 1938 年提出的，其進行分為下列三階段。

選定項目

題目的範圍愈狹小，愈簡單具體，愈適合。

會議主持人必須在開會前四十八小時，把題目清楚地告訴參與者，好讓他們有充裕的準備時間。參加人數不宜太多，以十至十二人為最恰當。

主持人在會議中擔任統籌、指導角色，他必須塑造一個

既輕鬆又競爭的氣氛，好使人人發言踴躍，使構想如泉湧般噴出來。他必須制止會中任何批評，並使參與者都能充份發言，他是腦力激盪成功與否的關鍵人物。

與會者應利用會前的四十八小時，運用前述角色扮演法、相似類推法、逆思考法、化繁為簡法、改變觀念法、聯想法、焦點法、觸類旁通法、多面向思考法、列舉法、水平思考法、化缺點為特點法等先進行個人腦力激盪，再把想出的構想帶到會議上進行集體腦力激盪。

腦力激盪

這個階段的時間，不要少於三十分鐘，也不要超過四十五分鐘。在集體腦力激盪的時刻，必須堅守下列四個原則：

（一）拒絕任何批評

若在同一時間進行創造與批評，就像在一個水龍頭裡同時放出熱水與冷水，那麼最後得到的，既不是「熱水」般的創意，也不是「冷水」般的批評，而是不熱不冷的溫水。拒絕批評是暫時不批評，請把批評放在第三階段（篩選評估時）。

（二）歡迎自由運轉

自由運轉（Free-Wheeling）的目的在鼓勵稀奇古怪的構

想。奇特的構想容易激發創造的氣氛，使思考過程不致中斷，而且常能轉化成實際有用的構想。

（三）構想愈多愈好

任何構想都可以接受。先求量，再求質，因為想得到一個好構想的最佳方法，就是必須先有很多的構想。在腦力激盪會議中，你的構想能引燃別人的新構想，而別人的構想又能引燃第三人的新構想，就像點燃了一長串的爆竹般，霹靂叭啦，響個不停。

（四）鼓勵構想的改進與合併

鼓勵在別人的構想上衍生新的構想。這不是批評，因為有時把兩個或三個構想合併起來，會變成一個更好的構想。

腦力激盪會議隔兩三天後可再舉行一次，好讓眾人的潛意識發揮功效（請參閱本章〈方法十六〉：潛意識思考法）。

篩選與評估

在獲得許多構想後，必須從中選擇一至二個可行的構想。此時應先把荒謬的構想先剔除，再把類似的構想合併，以便評估出最佳的方案（此時就非常歡迎批評了）。

有關構想的篩選與評估，請參閱後面介紹的卡片分類法與評估構想法。

▌暴露在刺激中

　　腦力激盪法是一種讓自己暴露在各種刺激之中的觀念遊戲，常能激盪出大量的構想。美國財政部曾以「如何減少曠工人員」為題舉辦腦力激盪會議，結果於三十分鐘內，獲得八十九個構想。台灣企劃人協會曾以「如何使小偷失業？」為題，舉辦腦力激盪會議，結果在三十分鐘內，產生八十個構想。

　　腦力激盪除了能獲得大量的構想，對參與者也有好處，參加者可深刻體會出創造力的威力，進而養成創造性思考的習慣，對企劃人而言，確實大有裨益。

● 方法十八

迂迴法

所謂迂迴法，就是不與問題正面對決，而採取曲折迴旋的手段，從旁繞道來解決問題的一種思考方法。

迂迴曲折反收奇效

不知道你是否玩過一種名叫「鴛鴦扣」的巧環，相傳鴛鴦扣是古時候有錢人家用來招親的「考環」，假如應試者無法解出此扣，立刻遭到淘汰。

鴛鴦扣很像古時候的手銬（參見附圖三），主要由兩個 U 形環和一個小圓環所組成。玩法很簡單：要設法將中央較小的圓環與兩個串連的 U 形環分開。由於小圓環的直徑比兩邊 U 形環的直徑小，因此不論你怎麼拉都取不出來。

看似無解的難題，只要運用迂迴法，把兩端的 U 形環旋轉一下（曲折迴旋，繞道而行），中間的小圓環自然而然就跑出來了。

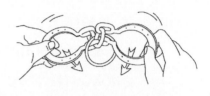

①小圓環的直徑比 U 形環小，用蠻力無法拉出。

④將兩 U 形環向下移使之重疊。

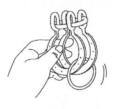

②將小圓環移到 U 形環連結處。

⑤小圓環會掉落至兩重疊 U 形環的中央。

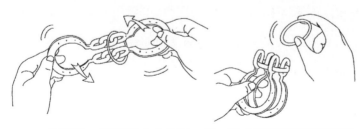

③將兩 U 形環反方向分別一扭。⑥小圓環便可輕易取出。

附圖三

→1. 小圓環的直徑比 U 形環小，用彎力無法拉出。

→2. 將小圓環移至 U 形環連接處。

→3. 將兩 U 形環反方向分別一扭。

→4. 將二 U 形環向下移使之重疊。

→5. 小圓環會掉落至兩重疊 U 形環的中央。

→6. 小圓環便可輕易取出。

這個有趣的遊戲告訴我們：從正面找不到答案時，不妨迂迴一下，繞個道，轉個彎，就有柳暗花明之效。

▋ 高登思考法

美國人威廉·高登所發明的高登思考法，就是典型的迂迴法。高登思考法與奧斯本（Alex Osborn）首創的腦力激盪法（Brainstorming），都是激發創意的好方法，不過在進行時，前者研討的題目只有會議主持人一個人知道，而後者的會議主持人會把研討題目清楚地告訴每一個參與者。

舉例來說，假設為了興建汽車停車場彼此激發創意。若採用腦力激盪法，那麼會議主持人必須在開會前四十八小時，把題目清楚地告訴大家，好讓他們有充裕的準備時間。

若採用高登法，那麼只有會議主持人知道題目，而他會告訴與會者一個籠統而抽象的命題：一個有關貯藏方面的創意。

如此一來，參與者的想法就不會侷限於汽車停車場，而能海闊天空從各種不同的方向思考。

- 鈔票，存在銀行裡。
- 水，貯在水桶、浴缸、水塔、水庫裡。
- 衣服，一件一件重疊擺在衣櫃裡。
- 拖鞋，一雙雙豎起來掛著。
- 豬肝，用鹽漬、曬乾，再用繩子吊起來。
- 酒，裝瓶後，一一貯藏在地下。

等到意見蒐集得差不多時，主持人再公布題目，並將意見與題目互相對照。這時，有些意見使人啼笑皆非，可是有些意見會變成創意。以上述為例，水既能貯存在屋頂的水塔，那麼停車場也能建在屋頂上嗎？還有酒既能貯藏在地下，那麼停車場能建在馬路或學校運動場的下面嗎？這些都是運用迂迴法所產生的創意。

● 方法十九

卡片分類法

前面介紹了十八種激發創意與蒐集構想的思考方法，以下兩節要介紹篩選與評估構想的方法。因為當你得到大量的構想，若不加以篩選的話，勢必無法評估出最好的構想。

由於這個篩選方法是把全部構想寫在卡片上，然後分類選出最佳的構想，因此稱之為卡片分類法。進行的步驟如下：

→1. 先製作出如一包菸大小的卡片，數量從一百至數百個不等，依你蒐集到構想的多寡而定。

→2. 把從腦力激盪獲得的構想一一寫在卡片上，每一張卡片上寫一個構想。

→3. 進行篩選工作，把荒謬絕倫與不可能實行的構想先抽出來，剔除掉。

→4. 進行分類工作，把意義相近的構想分別集合起來，成為一疊疊的卡片（假設有十疊）。

→5. 運用歸納的概念，針對每一疊卡片進行綜合整理，於是十疊卡片就變成十個構想了。

→6. 從這個構想中找出一個可行的方案，做為最後的選擇（此一步驟請參閱第二章〈步驟六〉。）

● 方法二十

評估構想法

　　顧名思義，評估構想法就是一種篩選與評估構想的方法。這個方法是由日本高橋浩教授所發明，因為他利用 Original（原創的）、Common（一般的）、Useful（有用的）三種類別來評估，所以又稱之為 OCU 法（取每一英文字的第一個字母）。

　　進行的步驟如下：

　　→1. 與卡片分類法一樣，先製作出一百至數百個數量不等的卡片（大小如一包香菸大小），依你蒐集到構想的多寡而定。

　　→2. 與卡片分類法一樣，把蒐集到的所有構想一一寫在卡片上，每一張卡片上寫一個構想。

　　→3. 從那一堆卡片中，任意抽出三十張。根據多次進行的經驗得出結論，三十張是一個最恰當的數目。

　　→4. 站在解決問題所需步驟的角度，把性質相近的構想集合起來（請注意，與卡片分類法不同）。變成一疊疊的卡片。並把它們歸納整理成七疊（根據經驗，七疊最容易處理）。還在每一疊中抽出最具代表性的卡片，放在最上面。

　　→5. 先前抽出三十張之後，所剩下的卡片，應逐一閱讀

後，各別列進已分妥的七疊中。

　　→6. 把每一疊卡片，從左至右，依橫的方向排成一行，並在最左端放一張色卡（顏色不拘，只要能與原來卡片區別即可），將這一疊的綜合構想寫在色卡上（參見附圖四）。

　　→7. 每一疊（組）卡片都排好之後，再用 O（原創的）、C（一般的）、U（有用的）三種類別來評估，重新改變卡片的先後順序（參見附圖五）。

　　→8. 運用組合的概念，把 O 卡片轉變為 U 卡片。

　　→9. 運用組合的概念，把 C 卡片轉變為 U 卡片。

　　→10. 對每一行的卡片，做最後的思考──「同一件事，用別的方法行得通嗎？」若發現好方法，把此新構想寫在卡片上，歸入性質相近的那一組。

　　→11. 把自己最喜歡的那組構想放在最上面一行，而後依喜歡程度，從上到下依次排下去，並在每一組構想的 U 卡片中，挑出最有用者，擺在色卡旁邊，其他卡片依有用的程序，從左至右依次排下去。

　　→12. 最上面一行，最靠近色卡的那一張卡片，就是你要找的王牌，也就是經過篩選與評估之後，你所得到的最佳構想。

　　當然，激發創意的方法不只本章所述的二十種，當你從上述二十種方法增強了功力之後，我確信你將創造出其他激發創意良方。

色卡

附圖四

O 卡片　　　　　　　U 卡片　　　　　　　C 卡片

附圖五

BIG叢書290

怎樣寫好企劃案：8個簡單步驟、14個好用的企劃案格式、20個激發創意的方法

作　　者—郭泰
主　　編—林菁菁
封面設計—李宜芝
內頁設計—菩薩蠻數位文化

董 事 長—趙政岷
出 版 者—時報文化出版企業股份有限公司
　　　　　108019台北市和平西路3段240號3樓
　　　　　發行專線—（02）2306-6842
　　　　　讀者服務專線—0800-231-705・（02）2304-7103
　　　　　讀者服務傳真—（02）2304-6858
　　　　　郵撥— 19344724時報文化出版公司
　　　　　信箱— 10899台北華江橋郵局第99信箱
時報悅讀網—http://www.readingtimes.com.tw
電子郵件信箱—ctliving@readingtimes.com.tw
法律顧問—理律法律事務所　陳長文律師、李念祖律師
印　　刷—盈昌印刷有限公司
初版一刷—2018年6月29日
初版三刷—2021年4月30日
定　　價—新台幣320元
版權所有 翻印必究（缺頁或破損的書，請寄回更換）

時報文化出版公司成立於一九七五年，
並於一九九九年股票上櫃公開發行，於二〇〇八年脫離中時集團非屬旺中，
以「尊重智慧與創意的文化事業」為信念。

怎樣寫好企劃案：8個簡單步驟、14個好用的企劃案格式、20個激發創意
　的方法 / 郭泰作.
　-- 初版. -- 臺北市：時報文化, 2018.06
　　面；　公分. --（BIG叢書）
　ISBN　978-957-13-7430-7（平裝）

　1. 企劃書

494.1　　　　　　　　　　　　　　　　　107008327

ISBN：978-957-13-7430-7
Printed in Taiwan